PLANET EARTH

我的趣味地球课
-博物地球-

张玉光◎主编

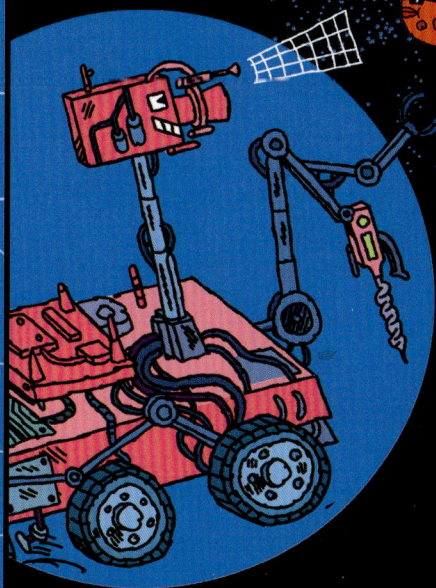

浩瀚宇宙的答案

北方妇女儿童出版社
·长春·

图书在版编目（CIP）数据

浩瀚宇宙的答案 / 张玉光主编 . -- 长春：北方妇女儿童出版社，2023.9

（我的趣味地球课）

ISBN 978-7-5585-7726-0

Ⅰ.①浩… Ⅱ.①张… Ⅲ.①宇宙—少儿读物 Ⅳ.① P159-49

中国国家版本馆 CIP 数据核字（2023）第 161898 号

浩瀚宇宙的答案
HAOHAN YUZHOU DE DA'AN

出 版 人	师晓晖
策 划 人	师晓晖
责任编辑	王丹丹
整体制作	日知图书 北京日知图书有限公司
开　　本	720mm×787mm　1/12
印　　张	4
字　　数	100千字
版　　次	2023年9月第1版
印　　次	2023年9月第1次印刷
印　　刷	鸿博睿特（天津）印刷科技有限公司
出　　版	北方妇女儿童出版社
发　　行	北方妇女儿童出版社
地　　址	长春市福祉大路5788号
电　　话	总编办：0431-81629600
	发行科：0431-81629633
定　　价	50.00元

目录 CONTENTS

宇宙在哪里

漆黑的夜晚，我们仰望星空，会不由得发出"好壮观"的感叹！其实我们看到的不过是宇宙的"九牛一毛"。如果把人类已掌握的所有太空知识写成一本书，你又全都背下来，然后去参加关于宇宙的百分制考试，你最多也只能得5分。

宇宙是如何形成的？

关于宇宙的起源，现代科学大多认为宇宙起源于宇宙大爆炸：**大约138亿年前**，宇宙内所有物质和能量都聚集到了一起，浓缩成一个质量、能量、热能、密度无限大，体积无限小的点，当这个点实在承受不了巨大的压力时，就会瞬间发生**大爆炸**。宇宙大爆炸使宇宙内部的所有物质，都像天女散花一样四散飞出。随后，宇宙空间不断膨胀，温度也相应下降。后来，就相继出现了恒星、行星、星系等天体，我们生存的地球也出现了。

浩瀚无声的宇宙，
漂浮着两个航天员：
小天和小文。
他们被赋予重任，去执行伟大的航天任务，
跟随他们一起出发吧！

宇宙大爆炸模拟图

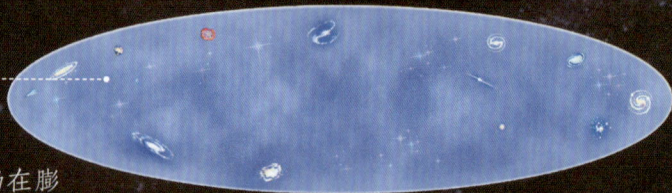

宇宙仍在膨胀，星系正沿着各自的方向不断朝外飞离

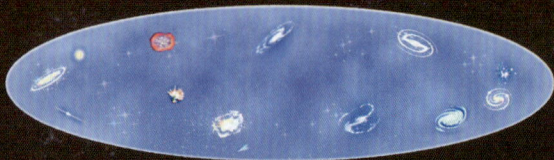

慢慢形成更大的星系

第一代恒星诞生后，在暗物质和引力作用下，小型星系和新恒星开始形成

类星体是首批形成的星体

最初宇宙的所有物质和能量都集中在一个点上

我的太空课堂

宇宙是天地万物的总称，是时间和空间的统一。

根据宇宙大爆炸模型推算，宇宙年龄大约 **138.2 亿岁**。

暗物质约占整个宇宙的 **27%**。

人类已观测到的离我们最远的星系距离是 **130 亿光年**。

目前可观测到的宇宙大小，估其直径为 **930 亿光年**。

探险奇妙宇宙

现代科学认为，宇宙大爆炸之后产生的巨大能量一直到现在还在膨胀，还没有消耗尽，如果这股能量消耗完之后，宇宙就会停止膨胀。由于宇宙大爆炸产生的能量前所未有，所以科学家也无法预判这股能量会持续到什么时候。

星系的形成

第一批星系是在宇宙大爆炸后不到 **10 亿** 年的时间里形成的，宇宙中至少存在 **1000 亿** 个星系。距离相近的恒星会因为自身的引力相互吸引，从而聚集成一个集团，这个集团就是星系。星系包括数不清的恒星，还包括许多星团、星际物质和星云。

宇宙很可能继续加速膨胀

宇宙继续膨胀

大爆炸后的 10^{12} 年，银河系耗尽了气体和尘埃，因此没有新恒星产生

开宇宙

坍缩的黑洞

距大挤压还有 10 万年

在遥远的未来，白矮星和中子星坍缩，形成黑洞，最终消失

现在的宇宙
星系中心较老的恒星

闭宇宙

几万万亿年以后，宇宙慢慢趋向终止膨胀

宇宙开始坍缩，距大挤压还有 300 万年

星系中心有黑洞融合，原子核被黑洞吞并

星系旋臂上产生的新星

10^{25} 年以后，银河系变成这些恒星的坟墓，恒星遗体旋转进入中心的特大质量黑洞

宇宙的未来

最后整个宇宙消失在单个的巨大黑洞内，这就是大挤压

宇宙的最终命运

关于宇宙的最终命运，有的科学家认为，宇宙不是无限膨胀的，当停止之后就会开始 **坍缩**，坍缩成一个点后会再次爆炸。有的科学家认为，宇宙膨胀到一定程度虽然会停止，但并不会坍缩，宇宙中的天体会 **不断更替**。还有的科学家认为，宇宙最终会变成一片死寂。因为宇宙中有很多 **黑洞**，黑洞会不断吞噬周围的物质，会将天体全部吞噬。不过这都是一些猜想，人类仍在努力探索这一奥秘。

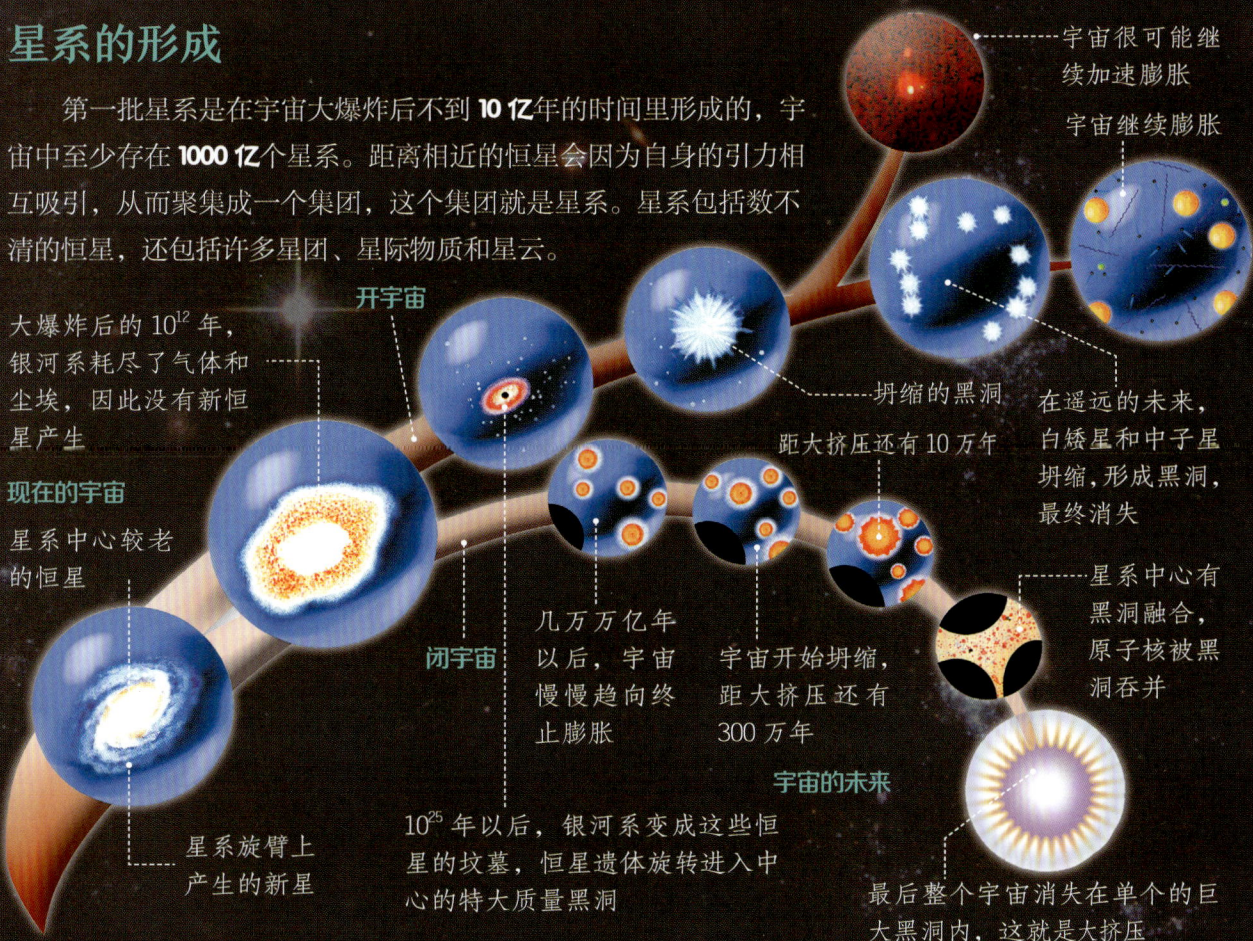

恒星的一生

恒星从诞生的那天起就聚集成群，交相辉映，渐渐形成星团、星系等。大多数恒星主要由氢和氦两种原子构成，并有少量的其他重元素。恒星的能量来源于"燃烧"自身的气体产生，一颗恒星气体的多少，影响着它的温度和体积。

恒星成长记

宇宙中的天体都会从诞生走向死亡，只不过恒星的生命是用百万年计，甚至用亿万年来衡量的，因此人类才看不出它们的变化。一般来说，中等"体形"的恒星生命历程大致可以表述为：星云—原序星—主序星—红巨星—白矮星，一些较大的恒星则变成了中子星或者黑洞。

正在冷却和膨胀的外层发出炽热的红光

从星云开始

所有的恒星都起源于太空中的星云。恒星总是大批地诞生，成为星团，但大部分星团后来都发生分裂，只有少数因为引力作用而维系在一起。恒星从星团中分裂出来后，它的生命就取决于它的质量了，质量越大，它的"燃料"消耗得越快，生命也就越短促。不过大多数恒星像太阳一样，有一个比较平稳的生命阶段。我们的太阳再过大约50亿年，就会变成一颗红巨星，进而变成一颗白矮星。

衰老和死亡

恒星的死亡方式和它的质量有关系。一般来说，质量和太阳差不多的恒星，首先会膨胀成一颗红巨星，然后再坍塌成一颗白矮星。质量比太阳大的恒星，温度比太阳高，燃料消耗也快，所以只有很短的一段稳定的发光期。

2. 由星云收缩分裂而成的分子云将形成一颗原始恒星

3. 每一颗原始恒星都被气体或尘埃包裹着

4. 坍缩的原始恒星有了"生命"，气体流从圆盘的两面喷出

5. 尘埃颗粒沿着原始盘面凝结，最终形成恒星

1. 在宇宙的深处，星云在其自身的引力作用下开始收缩

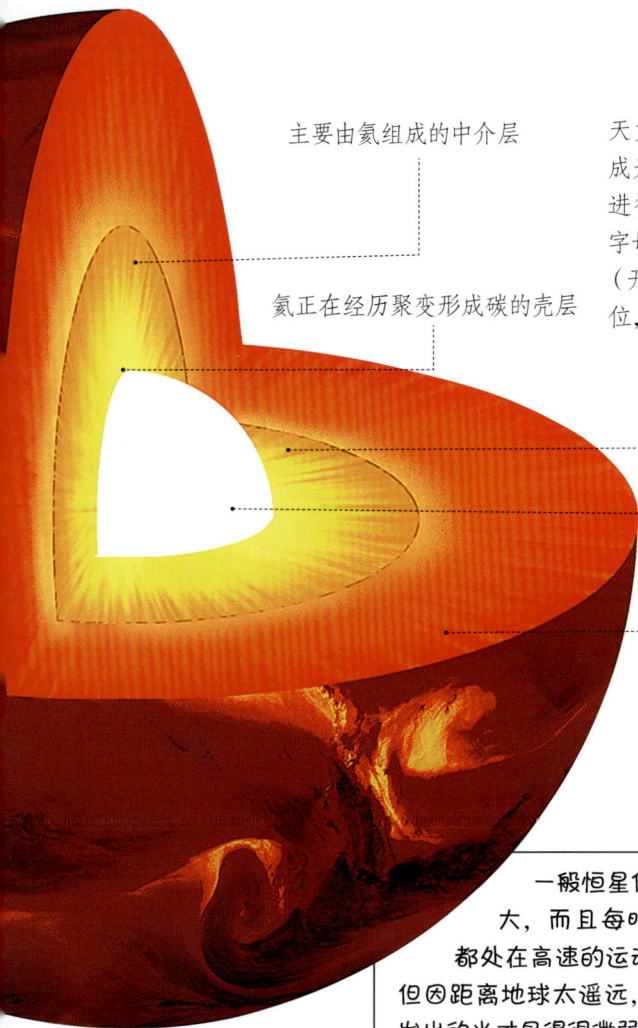

主要由氦组成的中介层

氦正在经历聚变形成碳的壳层

天文学家将恒星按表面温度分解成光谱。美国天文学家坎农对光谱进行了分类,7个类型分别用英文字母O、B、A、F、G、K、M表示。(开尔文为国际单位制中的温度单位,用K表示。)

氢正在经历聚变形成氦的壳层

碳核的温度约1亿K

主要由氢组成的外包层

一般恒星体积较大,而且每时每刻都处在高速的运动中,但因距离地球太遥远,它们发出的光才显得很微弱。

恒星的内部结构

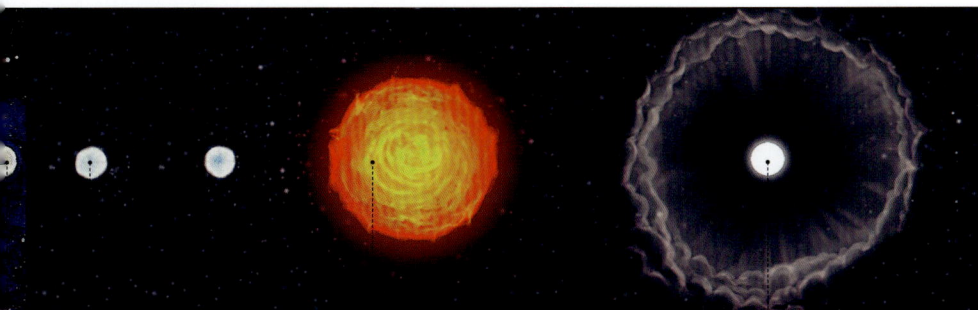

O 型
表面温度超过 30000K

B 型
(10000 ~ 30000K)

A 型
(7500 ~ 10000K)

F 型
(6000 ~ 7500K)

G 型
(5200 ~ 6000K)

K 型
(3700 ~ 5200K)

M 型
(2400 ~ 3700K)

恒星光谱类型

7. 这颗"成年"的恒星状态基本上可保持上百万年不变

8. 随着内部氢气燃烧殆尽,恒星膨胀成一颗红巨星

9. 变为行星状星云

10. 经过平静的收缩后,变为白矮星

11. 最后变为黑矮星(黑矮星是白矮星继续演变的产物)

6. 这颗恒星在主序列带上聚变,氢气转化成氦气

星星里的"动物"

为了方便识别和研究星星，天文学家将天上的星空划分为88个区块，每一区块内的星星组成一个星座，人们常说的黄道12星座就是这个大家庭中的成员，而且"动物"星座占了总数的一半左右呢！

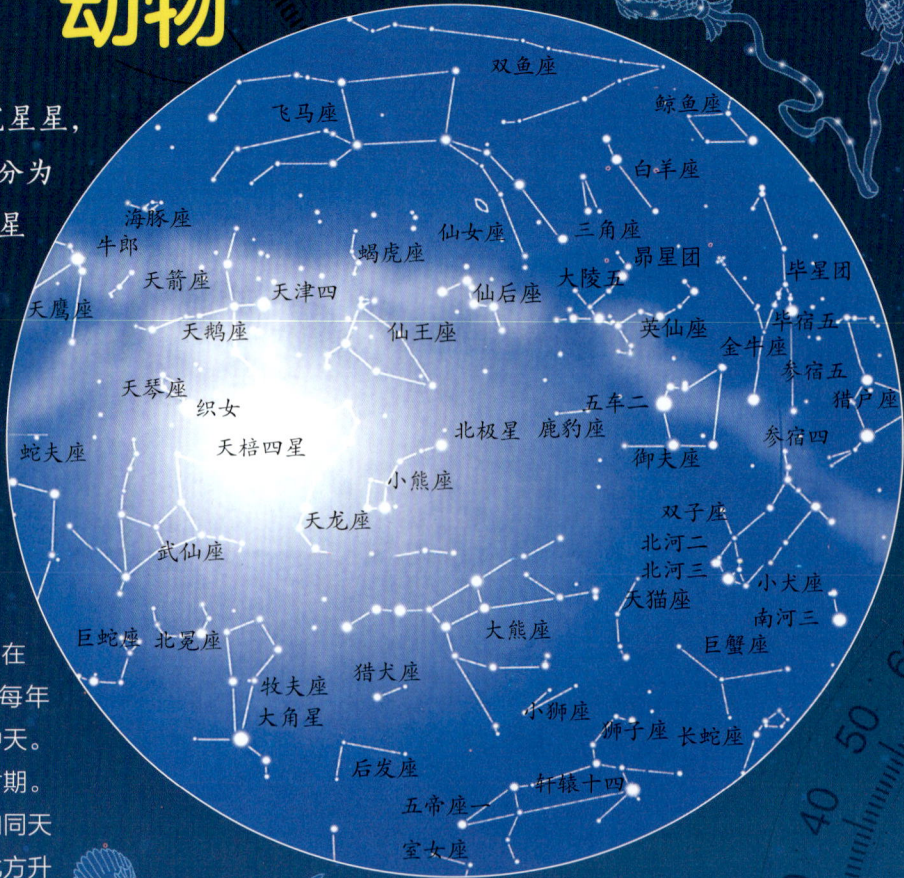

图中标注（北天星图）： 双鱼座、飞马座、鲸鱼座、白羊座、海豚座、牛郎、蝎虎座、仙女座、三角座、昴星团、天箭座、天津四、仙后座、大陵五、毕星团、天鹰座、仙王座、英仙座、金牛座、毕宿五、天鹅座、织女、北极星、鹿豹座、五车二、参宿五、猎户座、天琴四星、御夫座、参宿四、蛇夫座、天龙座、小熊座、双子座、北河二、北河三、武仙座、天猫座、小犬座、南河三、巨蛇座、北冕座、大熊座、巨蟹座、牧夫座、猎犬座、大角星、小狮座、狮子座、长蛇座、后发座、轩辕十四、五帝座一、室女座

天鹅座

天鹅座为北天星座之一，在88个星座中面积列第16位。每年9月25日20时，天鹅座升上中天。夏秋季节是观测天鹅座的最佳时期。有趣的是，天鹅座由升到落真如同天鹅飞翔一般：它侧着身子由东北方升上天空，到天顶时，头指南偏西；移到西北方时，变成头朝下、尾朝上没入地平线。

金牛座

金牛座东接白羊座和鲸鱼座，西靠双子座和猎户座，它在88个星座中面积排行第17位，最佳观测季节是夏季。金牛座的轮廓像一只双角前伸的公牛。希腊神话中这只公牛是天神宙斯的化身。金牛座中最有名的天体是"两星团加一星云"，分别是昴星团、毕星团和著名的M1大星云蟹状星云。

大熊座

大熊座的面积在88个星座中位列第3，是北斗七星所在星座，也是北方天空中最醒目、最重要的星座。大熊座被想象为一只大熊的形象，北斗七星的斗柄是它长长的尾巴，斗勺的四颗星是它的身躯，其他较暗的星构成了它的头和脚，其最佳观测季节是夏季。希腊神话中，她是遭赫拉嫉妒的美丽仙女卡里斯托，天神宙斯为了保护她，将她变成了一头熊。

南天星图

人马座

白羊座

摩羯座

水瓶座
鲸鱼座
增二
北落师门
南鱼座
凤凰座
天鹤座
牛郎
波江座
杜鹃座
印第安座
天鹰座
参宿七
水委一
摩羯座
水蛇座
小麦哲伦星云
天兔座
网罟座
人马座
猎户座
天鸽座
剑鱼座
孔雀座
南冕座
绘架座
大麦哲伦星云
老人
飞鱼星
天燕座
巨蛇座
大犬座
蝘蜓座
天坛座
蛇夫座
天狼星
船底座
苍蝇座 南三角座
天蝎座
十字架
矩尺座
船尾座
南十字座
心宿二
天猫座
罗盘座
船帆座
半人马座
豺狼座
北河三
巨蛇座
长蛇座
乌鸦座
天秤座
巨爵座
麦穗座 室女座

天蝎座

天蝎座是位于南半天球的黄道星座之一，因形状像只蝎子而得名，它是夏季最具辨识度的一个星座，在 88 个星座中面积排行第 33 位。

相传，奥利翁是一名狩猎者，常自夸没有谁能击败他，女神海拉派一只毒蝎去杀他，后来他们两败俱伤，被安置在天堂两边，这就是天蝎座和猎户座。当天蝎座升起时猎户座便躲到地平线下，而当猎户座出现时天蝎座也藏起来了，他们就这样在天空互相追逐。

天蝎座

长蛇座

狮子座

狮子座是 12 个黄道带星座之一，在 88 个星座中面积排行第 12 位，最佳观测季节是春季。狮子座最明显的特征就是由六颗恒星组成了一个大大的反写问号，像是狮子头颈部的鬃毛，左边还有三颗恒星，组成了狮子的身体和尾巴。狮子座的设立已有数千年历史。普遍认同的说法是在 4000 多年前的古埃及，每年仲夏节太阳移到狮子座天区时，尼罗河的河谷就有大量狮子从沙漠中聚集到这儿乘凉喝水，狮子座因此得名。

双鱼座

双鱼座位于水瓶座之东，白羊座之西。双鱼座最容易辨认的是两个双鱼座小环，而位于两条鱼之间的，则有一根拴住它们的"绳子"。在全天的 88 个星座中，面积排行第 14 位，最佳观测季节是秋季。希腊神话中，双鱼座代表美神阿芙洛狄忒和其子埃罗斯在水中的化身，他们为了逃避怪兽，变身成鱼形，潜入幼发拉底河中。

如果跌入黑洞

黑洞不是"洞"，是一种天体。巨大的恒星衰老、死亡后会坍缩成中子星，当中子星的质量超过了太阳约 1.5～3 倍时，超大的引力引发了又一次巨大的坍缩。物质将向着中心点进军，直到成为一个体积极小、密度极大的天体，这就是黑洞。

当气体被黑洞吸引时，会变得很热，能量以辐射喷流的形式爆发到宇宙空间。

宇宙"大胃王"

黑洞体积很小，但质量、引力却大得惊人，像个无底洞一样"来者不拒"，会把周围的物质全都"吃"掉，连光也被它吸了进去，因此我们无法直接观测到黑洞，它只是一种不发光的天体，并不是一个"洞"。那么黑洞这个大胃王"吃"掉的东西都去哪儿了？科学家们认为黑洞吞噬所有的物质并将其堆积到中心一个无穷的小点上，于是称这个点为"奇点"。

我的太空课堂

黑洞按质量大小可分为超大质量黑洞、恒星级质量黑洞、中等质量黑洞 3 种。

宇宙中可能存在 1000 亿个超大质量黑洞。

如果把地球压缩成一个黑洞，跟汤圆大小差不多。

英国的斯蒂芬·霍金是著名的物理学家，黑洞理论的创始人。他认为，黑洞质量越大温度越低，质量越小温度越高。

黑洞引力井模拟图

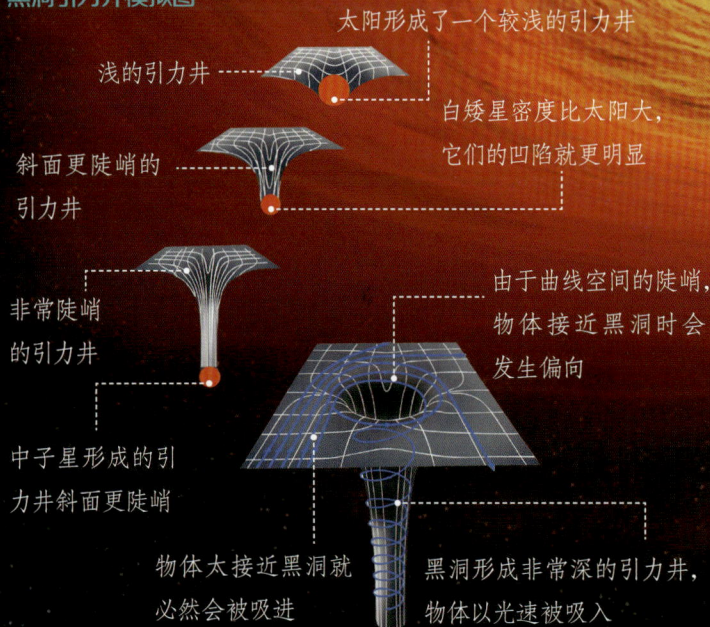

太阳形成了一个较浅的引力井

浅的引力井

白矮星密度比太阳大，它们的凹陷就更明显

斜面更陡峭的引力井

非常陡峭的引力井

由于曲线空间的陡峭，物体接近黑洞时会发生偏向

中子星形成的引力井斜面更陡峭

物体太接近黑洞就必然会被吸进

黑洞形成非常深的引力井，物体以光速被吸入

超大质量黑洞

辐射喷流

奇妙的引力井

爱因斯坦相对论认为，物体能使它周围的空间弯曲，空间像一个橡胶平面，把一个球放上去，平面就会有个凹陷，这就形成了一个引力造成的"井"。质量越大，造成的"井"就越深、越陡峭，黑洞就这样造成了一个无底深渊般的"井"。如果不小心"掉进"黑洞，人的身体会被引力拉得越来越长，像面条儿一样被拉断，人会感到越来越热，全身变红，在黑洞"边缘"高速盘旋，最终被吞噬。

"吃掉"恒星

如果黑洞是在另一颗恒星附近形成，它强大的引力就会把那个星球的气体吸过来。气体向黑洞倾斜，在黑洞周围形成一个**巨大的旋涡**。旋转产生的摩擦使这些气体变热，并发出强烈刺眼的光及大量 X 射线。那些靠近黑洞的恒星质量则会渐渐减少，最后被黑洞"吃掉"。

我们离黑洞远一点儿吧，掉进去就坏了。

嗯，万一掉进去，咱们就被黑洞扯成"拉面"了。

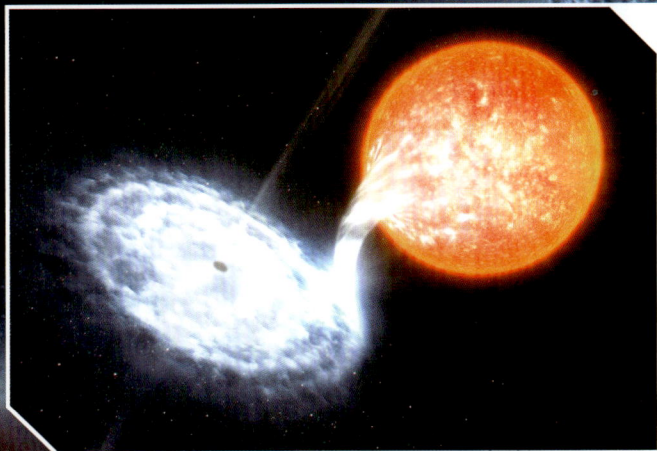

恒星级质量黑洞正在吸走恒星上的气体。

一睹黑洞真容

2019 年 4 月 10 日，全球数百名科研人员参与的"事件视界望远镜"项目通过数据和海量运算，让我们看到了距地球约 5500 万光年外位于**超巨椭圆星系 M87** 中心的黑洞"真容"。它看起来像个"甜甜圈"，中心全黑，外面有一圈亮光。你一定猜到了这亮光是什么，黑洞将周围东西源源不断地吸进去，这些物质在黑洞周围高速旋转，相互摩擦产生了大量的光和热，从而形成了一个光亮圈，这层外圈也叫吸积盘。是不是很神奇！

超巨椭圆星系 M87

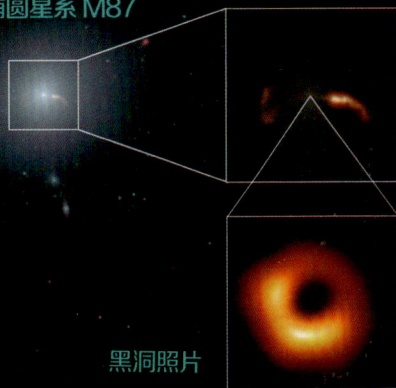

黑洞照片

探险奇妙宇宙

暗物质是从理论上提出的可能存在于宇宙中的一种不可见的物质，它可能是宇宙物质的主要组成部分，但又不属于构成可见天体的任何一种已知的物质。它可能大量存在于星系、星团及宇宙中，其质量远大于宇宙中全部可见天体的质量总和。

天上有道弯弯的 "河"

晴朗的夜空，繁星闪烁，当你抬头会发现一道美丽的、弯弯的"星星河"挂在空中，把夜空装点得更炫酷了，我们通常也把它叫"银河"。这时，你一定想起了神话故事中的牛郎和织女，于是你找啊找，看到牛郎、织女两颗星分别在河的两岸遥相辉映，好似在期待着一年一度的鹊桥相逢。

银河是银色的？

你一定觉得银河这条"星星河"是银色的，所以才这么命名。我们肉眼看上去，虽然有些地方真的像一条奔流在夜空中的白色河流，又如一条时隐时现的白色光带，但其中却有着一团团暗影，让人捉摸不透。原来这条星星河中，有很多 **"障眼法"**，施魔法的就是一些暗灰色的星云、尘埃、暗物质、星际气体等，这些物质像一场接一场的沙尘暴，在白色光带中飘荡，反而让这条河看起来像是真的在动。

我们能看到的这条"星星河"只是银河系的一小部分，而银河系要大得多。我们的太阳已经够大了吧，却只是银河系所有恒星中的九牛一毛，仅占约 **2000 亿分之一**！

我的太空课堂

据统计，我们的银河系约有 **2000 亿**颗恒星。

银河系形成于大约 **100 亿**年前。太阳距离银河系中心大约有 **3 万**光年。

银河系的中心充斥着恒星、尘埃以及环绕着黑洞的气体。

太阳系

我只是银河系里一个平常无奇的小天才而已。

中心古老的星球是冷却的恒星，它发出橙色或红色光

是谁在说我？

银河系有四条旋臂，地球所处的太阳系位于猎户座旋臂上，我们在地球上看到的银河其实是银河系的切面。那银河系有多重呢，中科院研究团队于 2023 年估算出银河系的最新"体重"约为 8050 亿倍太阳质量，银河系的大部分质量是以暗物质形式存在的，不会发光，因此无法直接观测到。

探险奇妙宇宙

银河是我们用肉眼或各种望远镜看到的那条挂在星空的乳白色亮带，银河只是银河系的一小部分。银河在中国古代也被称为天河、银汉、星河、云汉等，在中国传统文化里地位十分重要，除了牛郎织女的传说之外，还有"汉上惊鸿冰作影，银河彩凤玉为槎"等壮美诗句。

旋涡状的银河系

如果有个超能的望远镜，你会看到一个旋涡状的银河系，从它的核心伸出来好几条弯曲的"手臂"，看得时间久了，银河系仿佛变成了一个巨大的车轮、极速飞旋的纸风车，中间连带着无数的恒星、尘埃、星云等跟着转动。不过与纸风车不同的是，它们不是整个风车一起转动，而是不同的星体转动的速度是不一样的。我们的太阳要每 **2.4 亿年** 才能绕银河系中心旋转一周，而那些与银河系中心距离近的恒星，转一圈的时间就没有这么久啦，就像在操场上，同一起点出发，内圈的人总是占有优势的。

牛郎、织女星真的像神话里说的那样，一年见一次吗？

那不过是想象，牛郎星和织女星之间距离 16.4 光年呢，光那么快的速度都要走上 16.4 年，所以他们只有隔河相望了。

旋涡星系

棒旋星系

椭圆星系

"天外有天"的星系

如果整个银河系是一座飘浮着的"恒星宫殿"，放眼望去会发现宇宙间有无数个这样的"宫殿"飘浮着，它们存在于银河系之外，所以也叫作河外星系，简称"星系"。

这些星系有的巨大华丽，有的更隐秘，有的形状像旋涡，有的是棒旋状的（棒旋星系旋臂从核心部分两端伸出），也有的是椭圆形的（外观呈圆球形或椭圆形）等。到目前为止，人们已经发现了 **10 亿个河外星系**，它们也与银河系一样，是由数十亿，甚至数千亿颗恒星、星云及星际物质组成，也一直在不停地运动着。这样看来，我们的银河系也只是这星系大家族中最为普通的一个。不得不说，真是强中自有强中手啊！

超酷的太阳家族

太阳

每天早上去上学，同学们都会看到太阳挂在高高的天空中，给大地洒下温暖的阳光。不要以为太阳是天空中的单身汉，它身处的太阳系可是个大家族呢！

水星

太阳是个恒星，它每天也在运动吗？

是呀。所有天体都在运动，太阳率领太阳系以240千米/秒的速度围绕银河系中心运动呢。

金星

地球

火星

木星

土星

太阳系从何而来？

太阳系和我们人类一样，也有生老病死。宇宙刚开始时没有太阳，更没有太阳系。大约 **46 亿年前**的一天，一个巨大星云忽然发生了大规模的坍陷和萎缩，内部大量的物质都挤压在了一起，形成了太阳，于是边缘上的物质则形成了行星、卫星和其他小型的太阳系天体系统。

太阳的寿命约为 **100 亿岁**，现在正是它的青年时期，自然非常强壮。再过 **50 多亿年**，太阳会逐渐冷却并向外膨胀，直至超过它本身直径好多倍，成为一个红巨星。太阳系的八大行星会逐渐被经过的其他恒星卷走，那时太阳系也就不存在了。

太阳家族每年都会召开家族会议，目的是让大家各尽其责，它们个个可都是家族的代言人，马虎不得呀！太阳作为发起者，在家族群聊里开始了会议。

探险奇妙宇宙

地球自转一周，我们就觉得是太阳等天体自东向西绕地球转了一周。这是地球自西向东自转的结果，人类生活在地球上，以地球为参照物，感觉不到地球运转，会感到所有天体都是自东向西围绕地球运转。因此我们会看到太阳东升西落。

我的太空课堂

太阳表面温度高达 6000K，中心温度更高，可达 $1.57×10^7$K。

八大行星按距太阳由近到远排序，依次为水星、金星、地球、火星、木星、土星、天王星、海王星。

太阳系原本还有冥王星，被称为第九大行星，后被天文学家降级为矮行星。

伽利略是第一位发现太阳系家族详细情况的天文学家。

天王星

海王星

中国的宇宙探索

我国先民们很早就对天文学产生了浓厚兴趣。早在尧帝时代，我国就设立专职天文官从事"观象授时"。我国最古老、最简单的天文仪器是土圭。我国公元前 240 年的彗星记载，还被认为是**世界上最早**的哈雷彗星记录呢。我国古代对金、木、水、火、土五大行星也有深入研究，将水星称为辰星，金星是全天最亮的星，也叫太白星或启明星，火星又称"荧惑"，古人根据木星运行规律而创造了天干地支纪年法等等。

相亲相爱太阳系（9）

太阳：咳咳，今天我们又到了为家族代言的日子，我是老大我先来！ @ 所有人 我直径 139.2 万千米，占咱家总质量的 99.86%，大家还是听我指挥！

地球：鉴于我地位特殊就第二发言了，谁让我是目前发现的、唯一有生命存在的星球。有谁不服吗？ 🙂

水星：我距老大最近，是家中体积和质量最小的。

金星：我是家族中温度最高的。我的自转很慢，一个金星日相当于 243 个地球日。

火星：我是除地球外有最多有趣地形的固态行星。@ 地球 你别太得意，听说很多地球人想来我家呢。😎

木星：我是八兄弟中质量最大的，是其他七兄弟总和的 2.5 倍，我还被誉为地球的保护神。

土星：我是兄弟们中第二大的，还是密度最小的，可以浮在水上。

天王星：我是家族中最冷的。🥶

海王星：我是典型的气体行星，风暴是家族中最快的，时速可以达到 2000 千米。🌬️

太阳的魔法

太阳中心不断地发生着核聚变反应，它不断散发着光和热，给地球创造了生命诞生的机会，太阳看似非常安静，殊不知太阳也有令人大开眼界的魔法，我们叫它"太阳活动"，主要表现形式为太阳黑子、耀斑、日珥等。

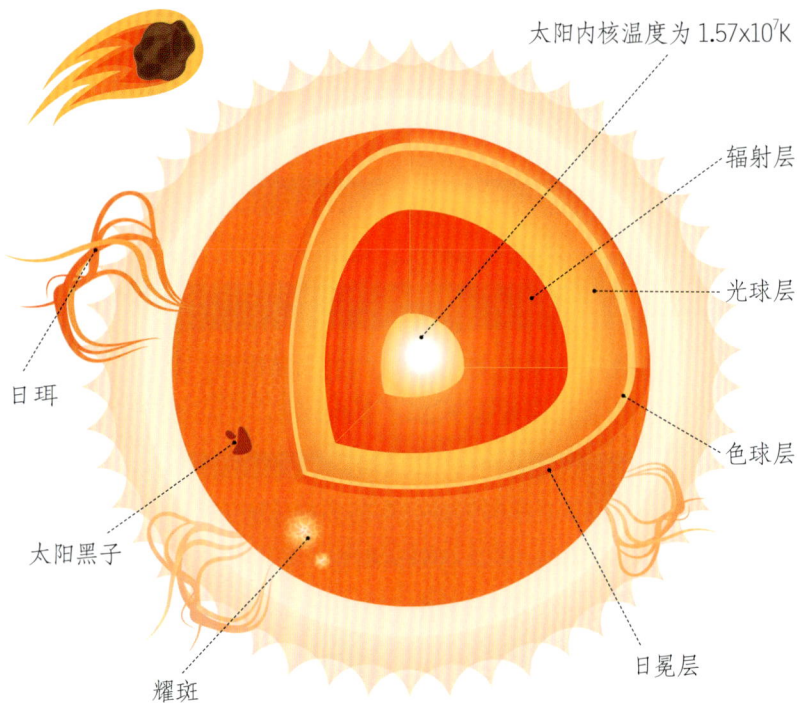

太阳热辐射示意图

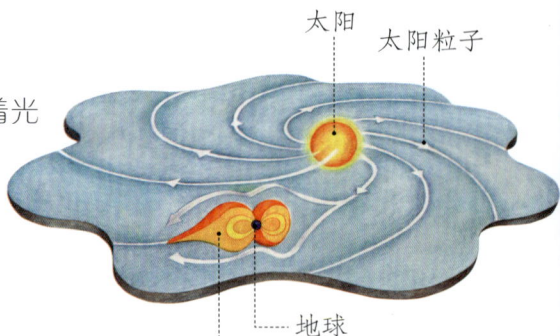

太阳

太阳粒子

地球

剧烈的太阳活动会影响地球磁场

太阳内核温度为 $1.57 \times 10^7 K$

辐射层

光球层

色球层

日珥

太阳黑子

耀斑

日冕层

好烫好烫的太阳

太阳距离地球虽然有约 **1.5 亿千米**，一到夏天我们仍会感到很热，这是因为太阳是一个炽热的气体球，表面温度可达 6000K，其内部有大量的氢元素聚集，在巨大的引力作用下，产生高温，氢聚变成氦，引发核聚变，核聚变会释放大量能量，并通过各种太阳活动散发出去。

任何一颗恒星都有诞生、演化和死亡的过程，太阳也不例外。科学家预测，现在距离太阳"死亡"还有 50 多亿年，太阳体积会不断扩大，平均温度降低，渐渐变成红巨星、白矮星。

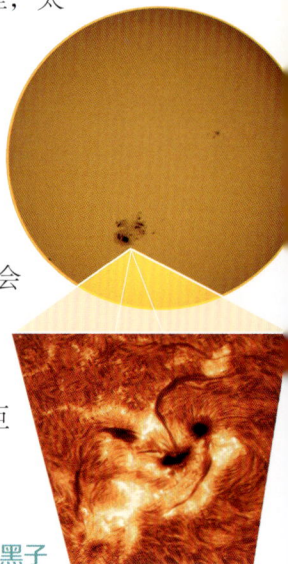

黑子

我的太空课堂

太阳是距离地球最近的恒星，直径大约是 139.2 万千米，相当于地球直径的 **109 倍**，体积大约是地球的 130 万倍，质量约是地球的 **33 万倍**。

太阳光到达地球，需要 **8.3 分钟**。

太阳的寿命大致为 100 亿年，目前大约 **46 亿岁**。

2021 年 10 月 14 日，中国成功发射首颗太阳探测科学技术试验卫星"羲和号"，实现中国太阳探测零的突破。

太阳的"雀斑"黑子

太阳黑子是在太阳的表面上发生的一种太阳活动，是太阳活动中最基本、最明显的。一般认为，太阳黑子实际上是太阳表面一种**炽热气体的巨大旋涡**，温度大约为4000～4500K，相比太阳表面温度较低，因此这些旋涡看上去像一些深暗色的斑点，这就是太阳黑子。太阳黑子很少单独活动，通常是成群出现。

我们早、晚看到的太阳光为什么是红色的？

早、晚时太阳位于我们的斜前方，阳光要穿透很厚的大气层，波长最长的红光散射能力弱，能穿透大气被我们看见。

闪亮的耀斑

太阳中大气有时候会在短时间内释放出大量的能量，引起局部区域温度瞬时剧增，各种辐射突然增强。因为它只发生在一小块区域，这块区域的温度就会比其他地方温度高出很多，看起来就像太阳上有了一块耀眼的斑点，所以被称为耀斑。耀斑的寿命不长，大约在几分钟到几十分钟之间。

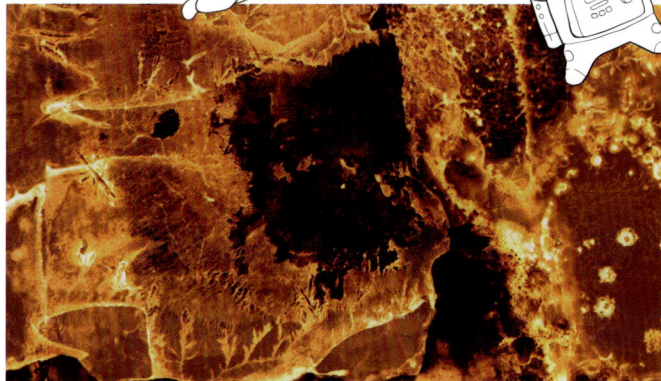

耀斑

奇异太阳风暴

太阳风暴不是**太阳表面刮起风暴**，而是剧烈的太阳活动导致太阳表面喷发出大量的等离子物质、高强的电磁辐射、高能带电粒子流等，并会对地球造成严重影响。太阳风暴每11年发生一次，它以**300万千米/时**的速度向地球扑来，与地球磁场发生撞击，对磁场产生影响，并影响通讯、威胁卫星、破坏臭氧层等，甚至还会使气候出现异常。

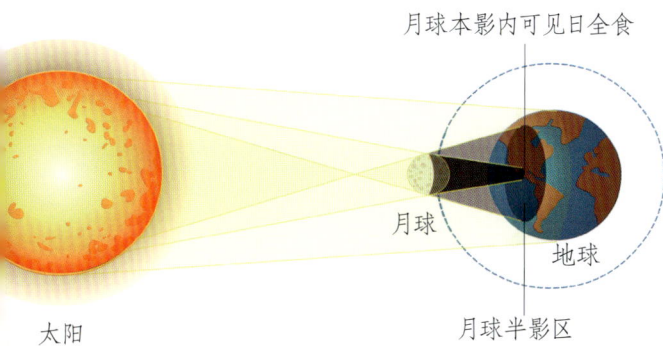

月球本影内可见日全食

月球

地球

太阳

月球半影区

探险奇妙宇宙

当月球绕地球公转至日地之间且在同一直线上时，月球遮蔽阳光，其影子落在地球上，因而发生日食。日食可分为日全食、日环食、日偏食和全环食。当月球离地球较近，完全遮掩太阳，月球本影内可见日全食；月球离地球较远，无法完全遮掩太阳，本影内可见日环食；无论月亮远近，在月球半影中的地球可见月亮遮掩部分太阳面，这就叫日偏食；全环食发生比例极低。

最"害羞"的行星——水星

　　水星作为太阳系八大行星之一，虽然人人皆知，但它距太阳实在太近了，在太阳的万丈光芒遮蔽之下，想观测清楚它还确实有点儿难度。水星也因此激发了人们的想象力，人类创作出许多关于它的科幻作品。

硅酸盐岩幔

最"害羞"的行星

　　水星是"**内行星**"，它的运行轨道在地球轨道内侧，再加上它同太阳靠得最近，被太阳的万丈光芒"保护"着，所以我们平常想见它一面还真不容易，可谓是太阳系中最"害羞"的行星，一般情况下很难观测。在良好的观测条件下，我们要在日出、日落时才会看见水星，这也是我国一些地方又叫它**辰星**的原因。

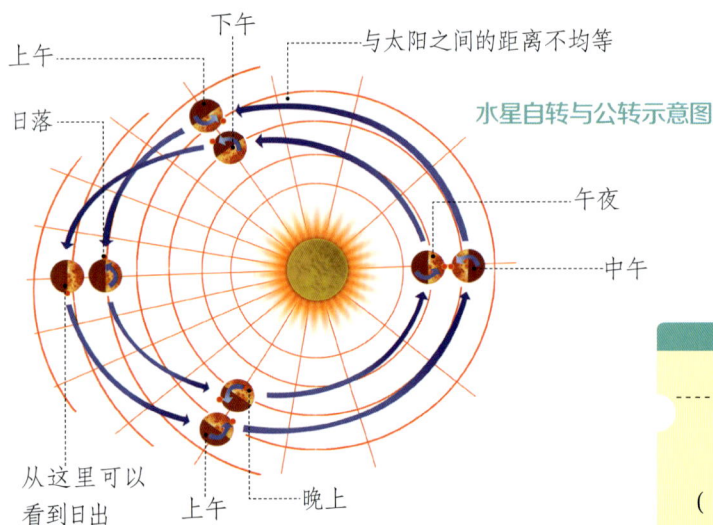

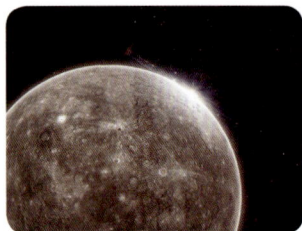

水星的金属内核

水星的构造

薄岩层

水星自转与公转示意图

上午
下午
日落
与太阳之间的距离不均等
午夜
中午
从这里可以看到日出
上午
晚上

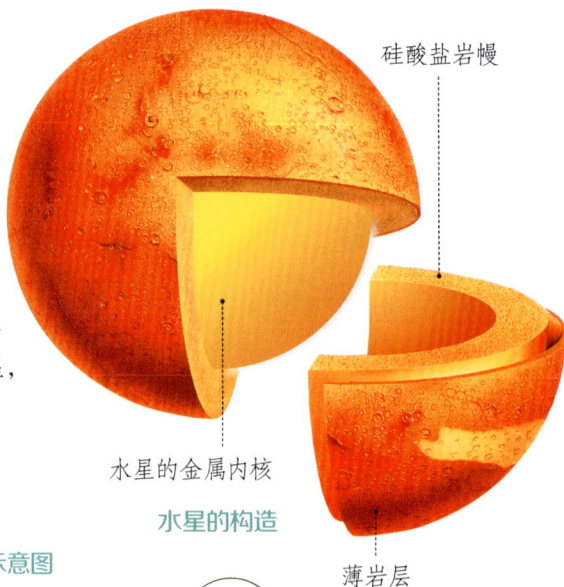

水星为什么是表面昼夜温差最大的行星？

我的太空课堂

　　水星是八大行星中体积最小的，"身高"（直径）仅约 **4878 千米**。

　　水星受太阳引力最大，故而"跑"得也最快，公转一周约为 **88 天**（以地球日为单位），是太阳系中公转周期最短的行星。而水星自转速度却很慢，水星上的一天等于地球上的 **176 天**。

　　水星的公转轨道看起来最"扁"，是太阳系中**离心率最大**的行星。

水星上的大气非常稀薄，不到地球的一万亿分之一。

水星表面

水星有个"孪生兄弟"

水星与月球的外表很相像，它们貌似一对**"孪生兄弟"**。我们来看这样一组数据：水星平均密度为 5.427×10^3 千克／米^3，月球为 3.35×10^3 千克／米^3；水星直径为 4878 千米，月球直径为 3476 千米。它们都不存在大气层，也没有板块运动，昼夜温差都很大。更关键的是，水星和月球都长了一张"麻子脸"，它们的表面都布满了陨石坑和环形山。亿万年来无数次被陨石撞击形成的表面，已经在 20 世纪对水星的研究中得到了证实。

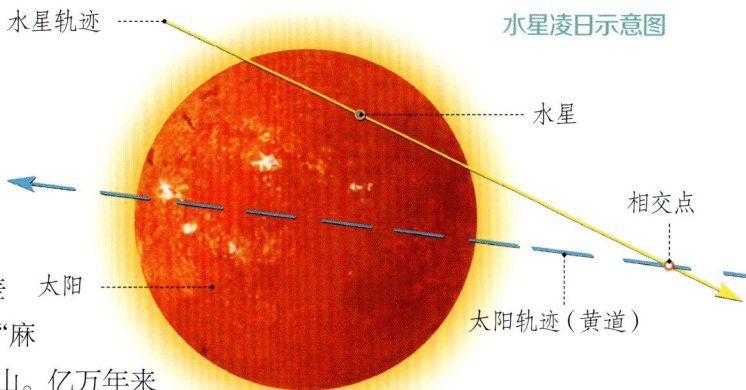

水星凌日示意图

水星轨迹 ······
水星
相交点
太阳
太阳轨迹（黄道）

探险奇妙宇宙

水星表面像月球一样布满了凹凸不平的环形山，水星上的环形山有上千个，专家推测它们是陨石撞击形成的。由国际天文学联合会已命名的 310 多座水星环形山中，有 15 座是以中国文学艺术家的名字命名的，像伯牙、蔡文姬、李白、李清照、鲁迅等，以此来纪念他们为人类文化做出的卓越贡献。

"水星凌日"

当水星运行到太阳和地球之间，三者能连成直线时，便会发生**"水星凌日"**现象，其道理和日食类似。和日食不同的是，水星比月亮离地球远，其直径仅为太阳的一百九十万分之一。当"水星凌日"发生时，水星挡住太阳的面积非常小，就像一个小黑点，不足以使太阳亮度减弱。我们用肉眼是看不到"水星凌日"的，只能通过望远镜进行投影观测。观测时，我们会发现一个黑色小圆点横向穿过太阳圆面，黑色小圆点就是水星的投影。"水星凌日"平均每 **46 年**发生 6 次，算得上难得一见的天文奇观了。

在水星表面布满了环形山。

因为水星大气层极为稀薄，无法有效保存热量，白天时赤道地区温度可达 725K，夜间可降至 90K，是典型的"冰火两重天"

19

可怕的金星

提到金星，我们脑海中马上会闪出一个"金光闪闪"的美丽星球。这个"美丽星球"在很多方面都跟地球很像，像是地球的姐妹，也是夜空中最亮的一颗行星，但是它却热得像个火炉，让人类不敢轻易打扰它。

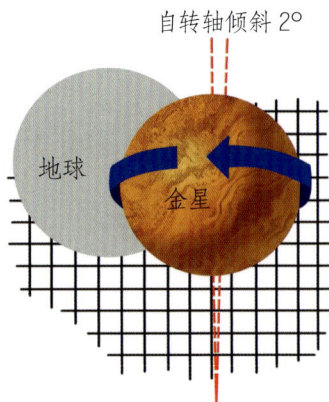

自转轴倾斜 2°

地球

金星

金星的自转示意图

夜空中最亮的行星

又大又亮的金星在夜色中熠熠生辉，人们会在黄昏时的西方或黎明时的东方看见它，就是最亮的那颗星。古代中国人把黎明时的金星叫**"启明星"**，把黄昏时的金星叫**"长庚星"**；而在西方，金星被称为**"维纳斯"**，是古罗马神话中象征爱和美的女神。金星为什么会最亮呢？一是因为距离地球近，最近时只有大约 4100 万千米。二是金星被一层白色微微泛黄的浓厚大气层包裹着，太阳光也无法穿透，所以大部分阳光被反射回了太空中。

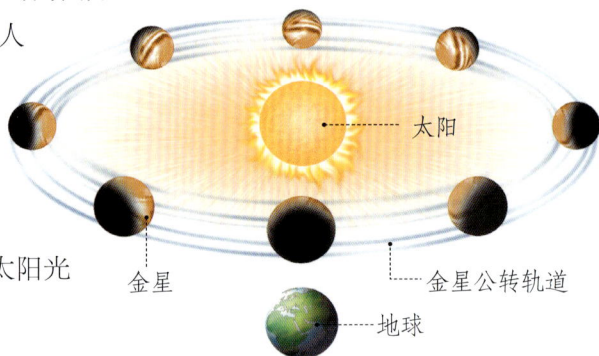

太阳

金星

金星公转轨道

地球

金星的相位

在金星上看太阳为什么是西升东落？

因为金星是太阳系内唯一由东向西逆向自转的行星，同地球正好相反。

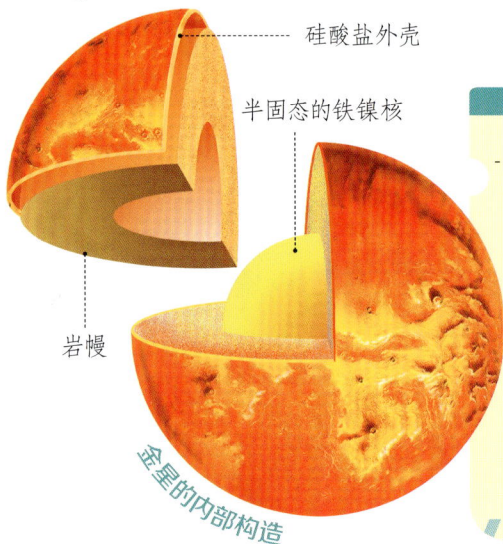

硅酸盐外壳

半固态的铁镍核

岩幔

金星的内部构造

我的太空课堂

金星与太阳的平均距离约为 **1.08 亿千米**。

金星是距离地球最近的行星，半径约为 6052 千米，只比地球半径小约 **320 千米**。

金星公转周期约为 **225 个地球日**，自转周期为 243 个地球日，它的"一天"比"一年"还要长。

金星在地球夜空中的亮度仅次于月球，是**第二亮**的天体。

人类对太阳系行星的探测首先是从**金星**开始的。

地球的姐妹星

　　金星作为八大行星之一，在诸多方面都和地球有着惊人的相似。首先说个头儿大小相当，金星直径12104千米，是地球直径的95%；它的地表面积是地球地表面积的90%，体积大约是地球的87%。其次是外表，在太阳系中除了气态行星外，真正有大气层的天体不算多。金星和地球表面都拥有能够维护自然平衡的大气层。第三是体重、密度等，金星的体重（质量）是地球的81.5%，平均密度大约是地球的95%。正因为这些数值与地球非常接近，所以人们才亲切地称呼金星为"**地球的姐妹星**"。不过，这对姐妹的脾性可是大不一样，地球性情"温和"，金星则"暴躁"，人类在金星上根本无法生存。

金星为何比水星更热

　　在太阳系中，行星水星离太阳最近，其次才是金星。按理说，水星比金星更热才对，但为什么金星是八大行星中**温度最高**的呢？因为金星距离太阳也很近，来自太阳光的辐射非常强烈。同时金星上有浓密的大气层，并且大气层中的二氧化碳成分达到了97%以上，由二氧化碳引起的温室效应十分强烈，热量很难散发出去，而水星上却几乎没有大气层。因此金星成了八大行星中最热的一颗行星。

太阳光从云层上部反弹

约反射掉80%的太阳光

太阳光

云层阻挡了大部分光线

红外线

约20%的太阳光到达金星表面

金星表面温度约为480℃

二氧化碳层锁住了热量

金星的温室效应

由于风的作用，金星表面的岩石上有沙丘和条纹构造。

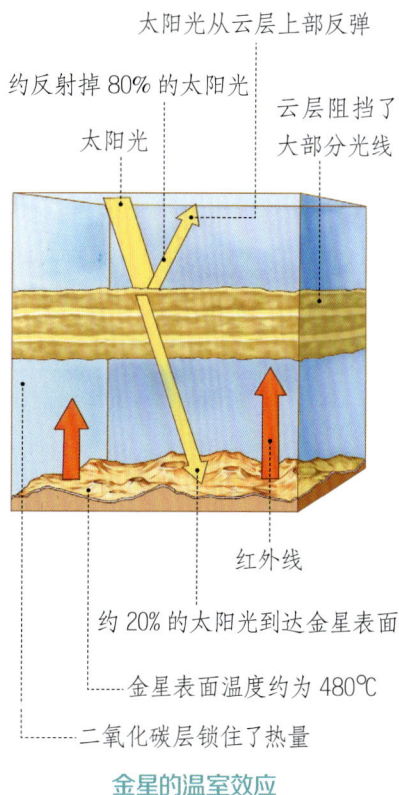

探险奇妙宇宙

　　金星上环境恶劣，简直就是一口高温压力锅。其地表温度是八大行星中最高的，最热时近540℃；其次金星大气压力是地球的90倍，人在上面瞬间就能被压扁；三是大气中的二氧化碳、二氧化硫等有毒气体含量很高；四是大气中还有一层厚达20~30千米的浓硫酸云，经常会下浓硫酸雨……实在不适合人类"旅游"。

地球的自白

飘浮在外太空的小文和小天，看着地球这个美丽的蓝色家园，心生感慨，这时地球听到了他们的赞叹，忍不住开口跟他们分享起了自己的故事。

我们的地球好漂亮啊！

我是你们的地球母亲，现在大约 46 亿岁了。我生活在太阳系这个和睦的大家庭。这是我的名片。

海百合（海生动物）

三叶虫

单细胞生物

前寒武纪

地球

直径：12756 千米
总质量：$6×10^{24}$ 千克
表面积：5.1 亿平方千米
与太阳的距离：1.5 亿千米
大气层：主要由氮（78%）、氧（21%）、氩（1%）组成

46 亿年的奇迹就看我，我就是宇宙顶流！

46 亿年间，我从一个巨大的灼热岩石球，慢慢有了比较稳定的固体表面、空气和水。那时的我，地震、火山随处可见，我内部的岩浆在地表冷却后，地壳的厚度逐步增加，温度也逐渐降了下来，然后开始出现生命的痕迹。

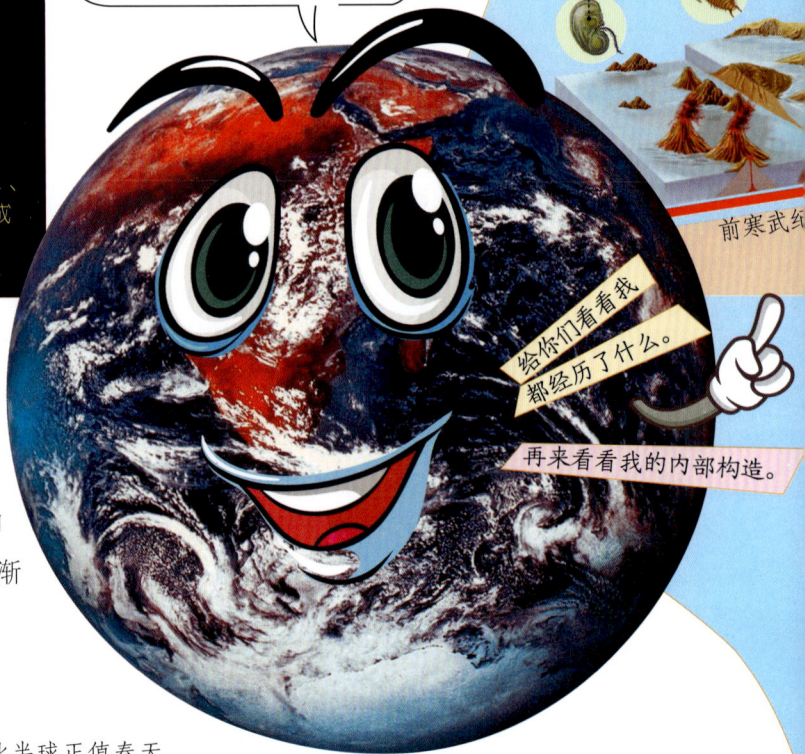

给你们看看我都经历了什么。

再来看看我的内部构造。

地球的公转与自转示意图

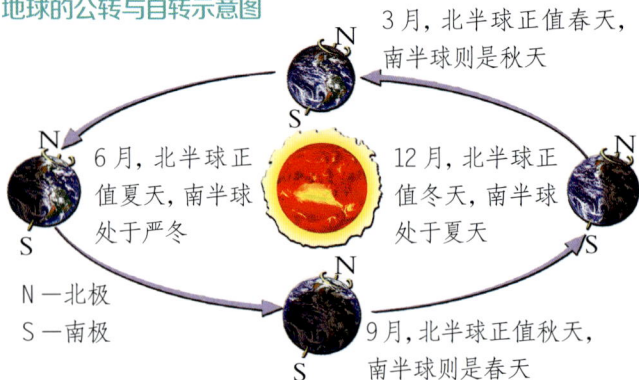

3 月，北半球正值春天，南半球则是秋天

6 月，北半球正值夏天，南半球处于严冬

12 月，北半球正值冬天，南半球处于夏天

9 月，北半球正值秋天，南半球则是春天

N—北极
S—南极

虽然我看起来圆滚滚的，却是个运动健将，十分擅长转圈，不但自己转，还围绕太阳一圈圈地转。自转一圈大约用时 24 小时，精确一点儿来讲，是 23 小时 56 分 4 秒。而我围绕太阳公转一圈，像是跑了一个"上亿级别"的马拉松，要用一年的时间跑完全程 **9.4 亿千米**，而且还是自己边转圈边跑，厉害吧！

库克森蕨（陆生植物）

针叶树

恐龙

小型哺乳动物

大型哺乳动物

智人（现代人）

两栖动物

蕨类植物

海洋爬行动物

古近纪、新近纪　第四纪

白垩纪

侏罗纪

三叠纪

二叠纪

石炭纪

泥盆纪

纪　奥陶纪　志留纪

古生代早期

古生代中晚期
孢子植物繁盛，陆地上出现大片森林。

中生代
中生代是"裸子植物"繁盛的时代，并且以"恐龙时代"而闻名。

新生代
地球的海陆、气候面貌已经和现在相差无几。

地壳厚度约 6～40 千米

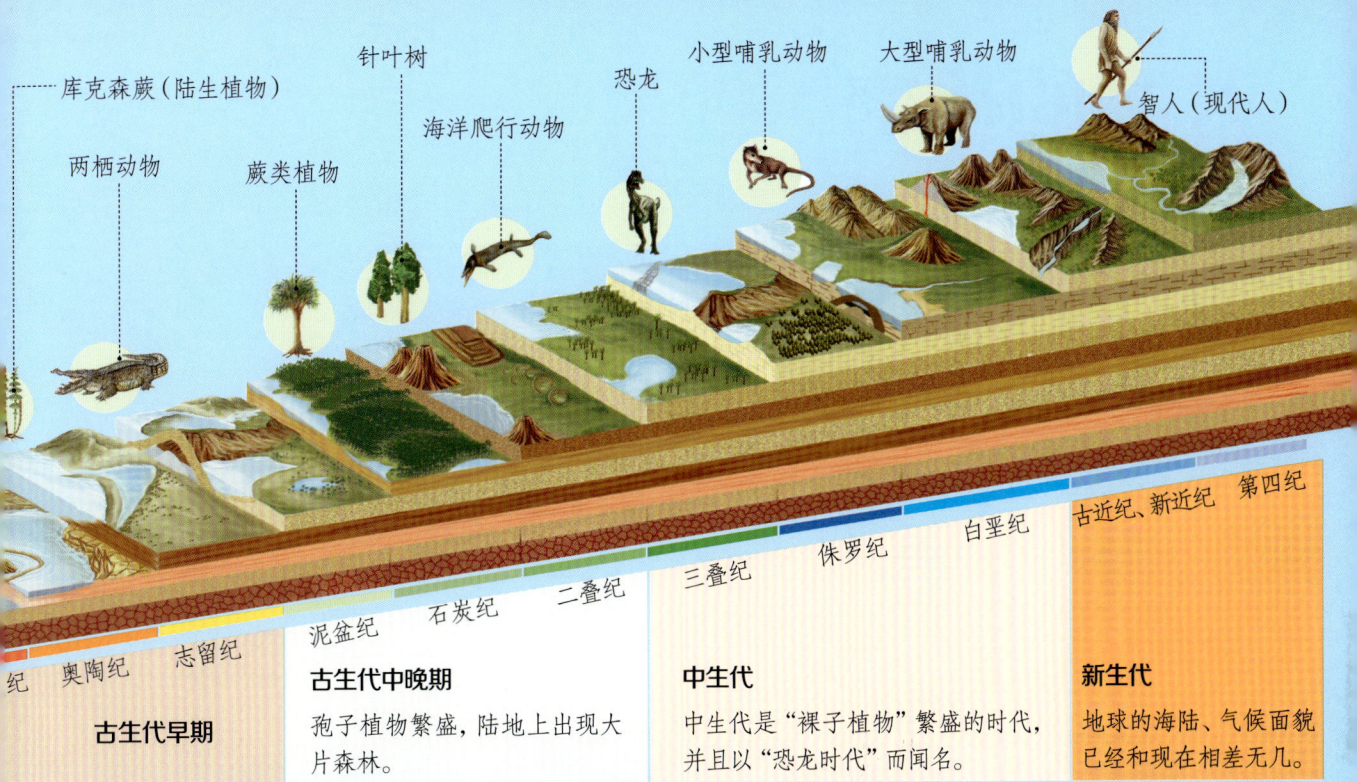

大气层厚度约 500 千米，像被一条温暖的被子保护着。大气层还为人们挡住了来自宇宙空间的高能辐射和具有强大杀伤力的带电微粒

在我的表面之下，又分为三部分。最上面是地壳，中间是地幔，最里面是地核。我的地壳基本稳定，也为生命进化提供了长期稳定的立足之地。

地幔厚度约 2900 千米，这是我内部体积最大、质量最大的一层

外核厚度约 2000 千米

地球的构造

我的太空课堂

　　水覆盖了地球表面的 2/3，97% 是海洋中的咸水。
　　南北两极被冰覆盖，南极大陆的冰更是占世界冰总储量的 90%，占淡水总储量的 70%。如果南极大陆的冰全部融化，海平面将会上升 60 多米。

铁、镍组成直径约 2400 千米的固体内核，地核温度非常高，有 4000～6800K

月亮的秘密

月球是围绕地球旋转的球形天体，是地球唯一的天然卫星。它本身不发光，因反射太阳光才被看见，是太阳之外最亮的天体。自从人类文明诞生开始，人们就对夜空中这个时而盈若圆盘、时而缺似弯钩的月亮产生了浓厚兴趣。

长了一张"麻子脸"

这张"麻子脸"，其实是月球表面的**环形山**，是由亿万年来陨石不断撞击月球表面而形成。由于没有大气层的保护，所有来自太空向月球运行的物体均能落到月球的表面。而环形山的大小、形状则取决于向月球冲撞而来的陨石的大小与速度。

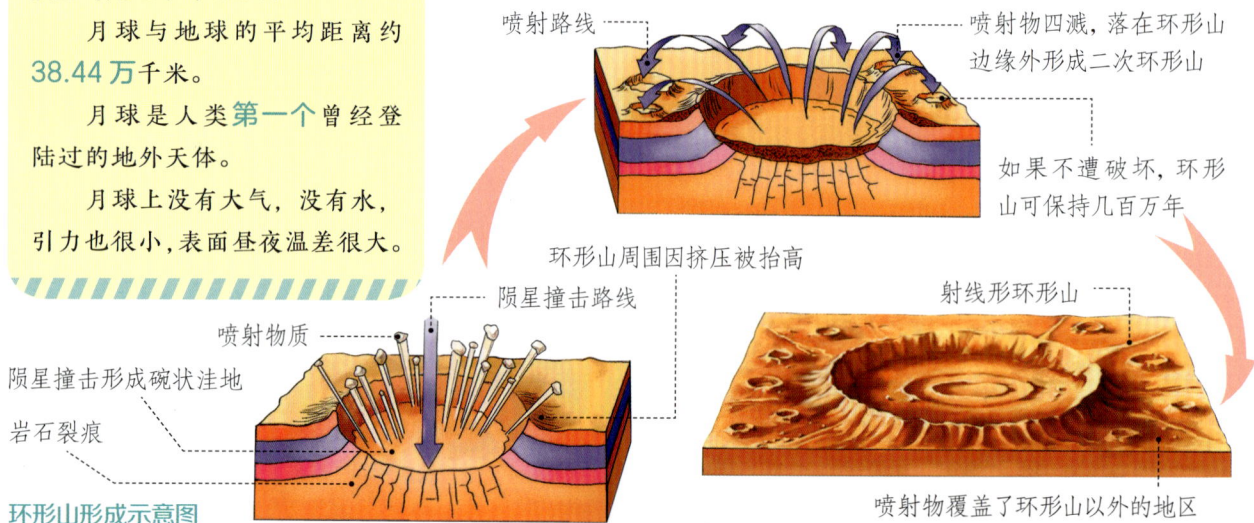

喷射路线

喷射物四溅，落在环形山边缘外形成二次环形山

如果不遭破坏，环形山可保持几百万年

环形山周围因挤压被抬高

陨星撞击路线

射线形环形山

喷射物质

陨星撞击形成碗状洼地

岩石裂痕

喷射物覆盖了环形山以外的地区

环形山形成示意图

大有来头的月亮

关于月球的起源，有种种猜测，大致可归纳为共振潮汐分裂说、同源说、俘获说和撞击成因说等。月球的第一个 7.5 亿年经历了由陨星造成的破坏性的撞击阶段。在过去的 16 亿年中，月球表面变化不大，一些明亮年轻的环形山显露出来，但月球大部分原始外壳已在形成环形山时被破坏。

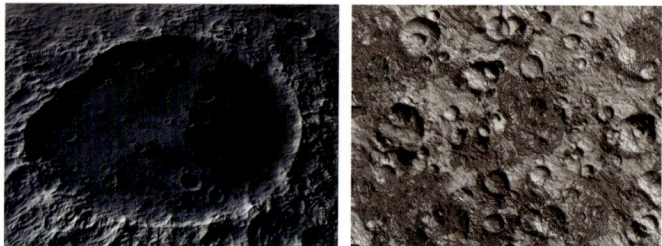

月海与月陆

月海其实是我们看到的月球上的暗斑，是月球的广大平原，因为在伽利略的望远镜下看起来很像海洋而被称为月海。月陆是月球表面的古老高地，因返照率高，看上去很亮，被认为是月亮的陆地。

探险奇妙宇宙

月球只有一面对地球，是因为月球自转一圈需要 27.3 天，和绕地球运转周期差不多，所以月球自转不可能和它公转时的位置重叠。加上地球的质量较大，对月亮的潮汐力更大，更容易锁定对方。面向地球的一面叫近地面，月球背面有密集的陨石坑。

> 潮汐是在月球和太阳等天体引力作用下形成的。月亮比太阳距离地球近得多，因此对地球上海水的作用力主要来自于月亮，导致潮涨潮落。

> 月亮是怎么引起地球潮汐的？

月幔
月壳（背地球面比向地球面厚）
内壳
含铁和硫的内核
表面尘埃层

月球内部结构

月有阴晴圆缺

月球发生圆缺变化的现象，是由于月球绕地球公转时，太阳照亮月球部分的面积大小不同而形成的。月球每个月都要绕地球公转一圈，所以我们每个月都能看到月球受光部分的面积有着阴晴圆缺的变化。

| 新月 | 蛾眉月 | 上弦月 | 凸月 | 满月 | 亏月 | 下弦月 | 残月 | 朔月 |

中国古人很早就已掌握根据**月相**判断农历时间的方法，有一个简单的口诀就是：上上上西西、下下下东东——意思是：上弦月出现在农历月的上半月的上半夜，月面朝西，位于西半天空；下弦月出现在农历月的下半月的下半夜，月面朝东，位于东半天空。

本影　半影

地球

月球

太阳

月食现象

当地球出现在太阳和月球之间时，月球被地球的阴影遮挡而形成了月食。月食每年发生 2～3 次。

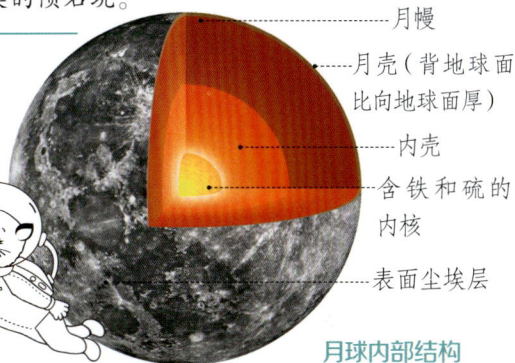

月食
月半食
月全食
月半食
月食

月食不同阶段

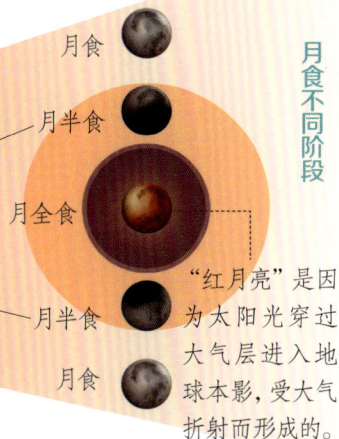

"红月亮"是因为太阳光穿过大气层进入地球本影，受大气折射而形成的。

这里是中国空间站

2020年我国空间站建造大幕正式拉开。中国空间站又名"天宫"，天宫建成后将成为我国长期在轨稳定运行的国家太空实验室，可供3人长期驻留，半年轮换一次。看起来，我们的"天宫"空间站就像是盖在外太空的房子，还是一套三室两厅外带储藏间的呢，我们一起来认识一下吧。

太阳能电池板提供能源

3 实验舱Ⅱ"梦天"

配置有货物专用气闸舱，在航天员和机械臂的辅助下，支持货物、载荷自动进出舱。

实验舱Ⅱ"梦天"

未来还会单独发射一个光学舱"巡天"，配置最先进的巡天望远镜，负责天文观测。与空间站共轨飞行，还可对接。

这回"天"字辈成员，现在都认识了吧。

小名片

姓名：天宫空间站
造型：整体呈"T"字形
基础三舱：1个核心舱（居中），2个实验舱（接于两侧）
三舱总质量：60多吨
三舱空间：110立方米
运行高度：400千米左右的近地轨道
轨道角度："斜着身子"绕地球，倾角在42°～43°
在轨时间：预计在轨运行10年以上

神箭

中国航天

CZ-2F

长征二号F运载火箭
用来搭载神舟飞船，负责载人。

"天舟号"货运飞船

5 天舟

是为中国空间站提供补给的货运飞船，总重约13.5吨，由长征七号搭载升空，负责送货，载货量可达约7吨。

中国载人航天工程"三步走"战略

第一步
发射载人飞船,建成初步配套的试验性载人飞船工程,开展实验

第二步
突破航天员出舱活动、飞行器交会对接等技术、发射空间实验室

第三步
建造空间站,"天和"核心舱发射就属于第三步

神舟

4 "神舟号"载人飞船采用三舱一段,由返回舱、轨道舱、推进舱和附加段构成。一端与返回舱相通,另一端对接核心舱。

"神舟号"载人飞船

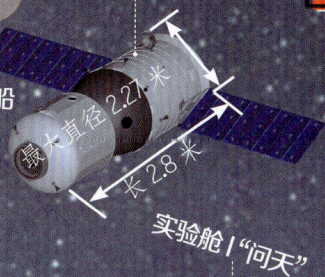

最大直径 2.27 米

长 2.8 米

实验舱 I "问天"

核心舱"天和"　对接"神舟号"载人飞船

最大直径 4.2

全长 16.6 米

应急逃生飞船

实验舱 I "问天"

2 开展舱内和舱外空间科学实验和技术试验,也是航天员的生活工作场所和应急避难场地。

还配备了航天员出舱活动专用气闸舱,支持航天员出舱进行太空行走。

并配置了机械臂,可进行舱外荷载自动安装操作。

核心舱"天和"

1 发射质量 22.5 吨,可支持 3 名航天员长期在轨驻留,是我国目前研制的最大航天器。

既是空间站的管理和控制中心,也是航天员生活的主要场所。

核心舱供航天员工作生活的空间约 50 立方米,加上两个实验舱后,整体长度比 5 层楼还要高。

穿越火星

人类对太空的探索从未止步。近些年来，科学家们一直在了解火星，并且有着移民火星的梦想。火星是除了地球之外最适合人类生存的行星，其表面约75%的部分被各种铁氧化物构成的沙漠覆盖，因而岩石、沙土和天空都是红色或粉红色的，所以火星也常被称作"红色的星球"。

火星的倾斜、自转和公转

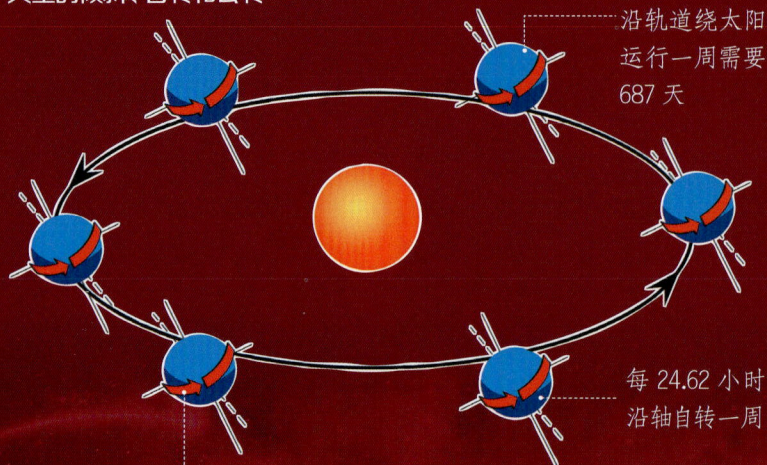

沿轨道绕太阳运行一周需要687天

每24.62小时沿轴自转一周

自转轴与垂直线之间的倾斜度为25.2°

火星上常常会刮起狂风，形成巨大的火星尘暴。

火星的四季

由于火星自转轴倾斜的角度与地球相差无几，因此科学家们认为火星也和地球一样，一年拥有明显的四季变化。火星一年有**687个地球日**，所以火星上的每个季节都比地球上的长将近一倍。同时火星距离太阳较远，所以比地球上更冷，夏天温度大约在25℃，太阳落山后温度会降至-125℃。

红色的天空

火星没有稳定的液态水，地表遍布砾石、沙丘，而且大气很稀薄，以**二氧化碳**为主。本来，在火星上看天空，应该是蓝紫色的。然而，由于火星满地是棕红色的细沙，又经常刮大风，空气中常飘浮着大量沙尘。这些沙尘散射阳光中的红色，于是天空也变成红色了。

我的太空课堂

火星的平均直径约为 6790 千米，约为地球直径的53%，质量约为地球的11%。

火星公转周期约是地球的 2 倍，距离地球5500 万～4 亿千米。

在火星和木星轨道之间，有一片小行星带，这个区域约有 12 万颗小行星。

火星上风速可达 400 千米 / 时。

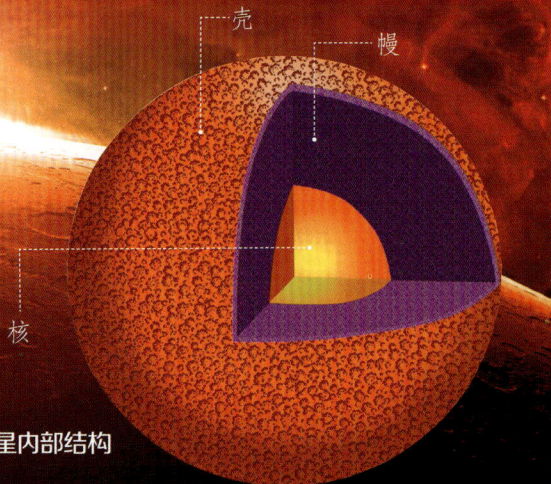

壳

幔

核

火星内部结构

极地冰冠

　　火星上也有平原、高山和峡谷。火星的北方是被熔岩填平的低原，南方则是充满陨石坑的高地。火星也有两极，覆盖有大面积的**冰冠**，北极冰冠厚度大约 3000 米，主要为水冰。南极冰冠更厚，温度也很低，夏天也近 −100°C，几乎全由干冰构成。

太阳系最高峰奥林匹斯山

极地冰冠

塔尔西斯山系由三座巨大的超级火山组成，曾喷发出巨量的熔岩

目前条件下是不可能。但未来如果能通过科学技术的改造，搭建模拟地球自然条件的环境，在火星上种土豆是可以实现的。

火星上真的能种出土豆吗？

水手号峡谷是火星上最大的峡谷，长约 4000 千米

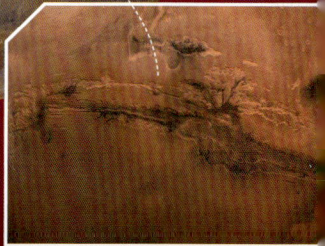

火星的卫星

　　火星有**两个卫星**，火卫一和火卫二，看起来有点儿像黑色的马铃薯，它们具有小行星的一切特征。因此科学家们推测，它们很可能原本就是小行星，后来被火星的引力吸引成为火星的卫星。

登陆火星

　　探测火星是人类一直十分关注的问题，一系列探测器离开地球飞向火星，探究火星的气候变化、大气进化过程以及能否成为人类可以定居的第二故乡等内容。在火星登陆后对火星进行探测的可移动探测器，也叫**"火星车"**。目前成功登陆火星并传回大量火星资料的火星车有"旅居者号""勇气号""机遇号""好奇号"和"洞察号"。中国首次火星探测任务"天问一号"探测器在 2020 年 7 月由"长征五号"遥四运载火箭送入太空。2021 年 5 月，"天问一号"任务火星车**"祝融号"**成功着陆火星表面，开始巡视探测。

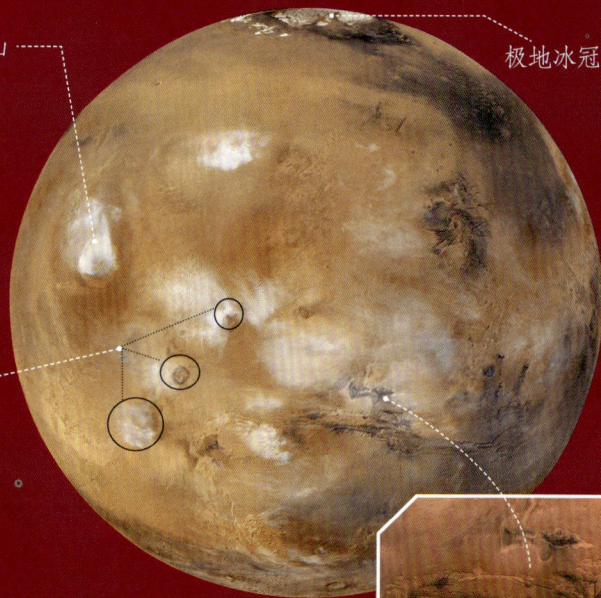

"祝融号"火星车与着陆器

探险奇妙宇宙

　　奥林匹斯山是火星上的盾状火山，高于火星基准面 21171 米，不仅是火星表面最高的火山（吉尼斯世界纪录），也是太阳系已知的最高峰，相当于地球上珠穆朗玛峰海拔高度的两倍多。

超级大木星

木星是太阳系最大行星，质量达到 1.9×10^{27} 千克，我们也许很难对这个数字产生具体概念。直观地说，把整个太阳系剩下的行星全加在一起，总质量也不到木星的一半。因此，木星被称为太阳系"行星之王"。

木星被人类视为吉祥星

古罗马人以主神朱庇特来命名木星，对应希腊神话中的宙斯。在中国古代，木星被称为**"岁星"**，因为木星的公转周期约为 12 年，是古代天干地支纪年法的依据。直到西汉时期，司马迁对其观测发现其呈青色，根据五行学说的原理，青为木，于是便把岁星称为"木星"。木星自古以来在人类的眼里都是一颗吉祥星。

我的太空课堂

木星直径是 **142984 千米**，约为地球的 11 倍。

木星自转周期为 9 小时 50 分至 9 小时 56 分，是八大行星中自转速度最快的。

木星是个气体星球，主要由氢气和氦气构成。

木星是太阳系的"**卫星之王**"，已发现它有 92 颗卫星。

"木卫三"是太阳系最大卫星，比行星水星还要大。

引人注目的大红斑

大红斑是木星表面最突出的特征，实际上是木星表面最大的**风暴和气旋**。这个气流物质中含有大量的磷化物，所以颜色有时鲜红，有时略带棕色或淡玫瑰色。自从人类观测到它以来，已存在 300 多年。虽然它的颜色和形状有改变，但从未消失。那么，它未来会消失吗？科学家认为，木星是一个气态行星，它没有一个固体的表面可以削弱和抵消风暴的力量，所以它可能会改变，但不会消失。在木星众多大大小小的"红斑"中，总会有一个成为"大红斑"。

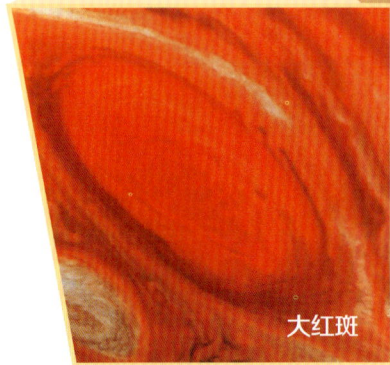

大红斑

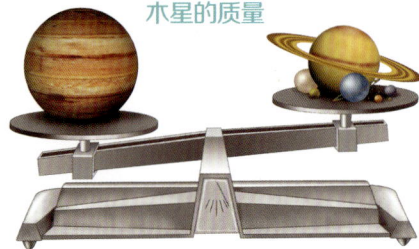

木星的质量

探险奇妙宇宙

　　自 1970 年以来，人类便开始了对木星的探测活动。"先驱者 10 号""先驱者 11 号""旅行者 1 号"和"旅行者 2 号"等探测器都曾飞近过木星。而美国于 1989 年发射的"伽利略号"，是世界上第一个木星专用探测器。目前，人类探测器还未踏足过木星，由于木星是颗气态行星，且木星大气层往下是液态氢，探测器根本无法着陆。

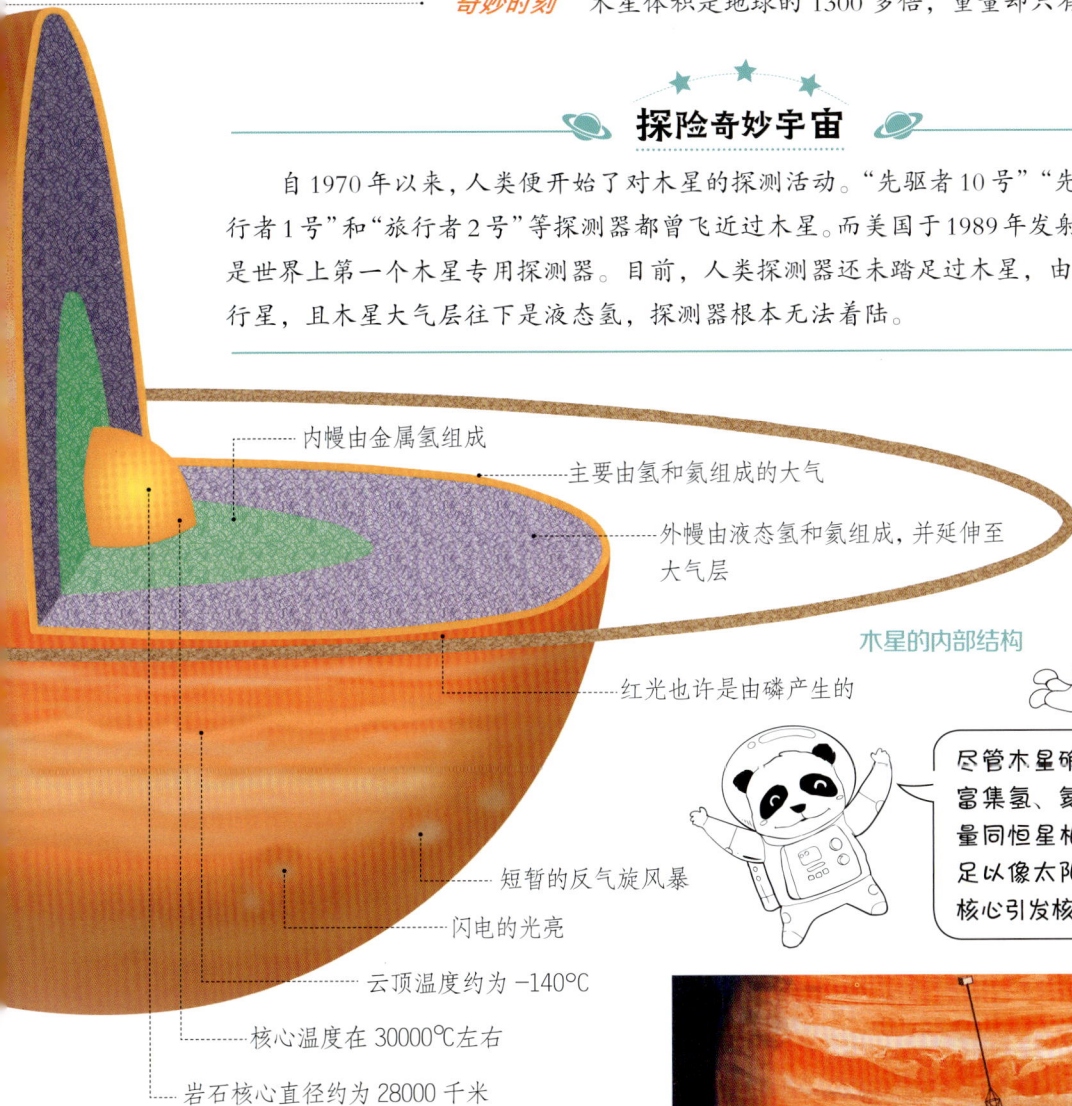

内幔由金属氢组成

主要由氢和氦组成的大气

外幔由液态氢和氦组成，并延伸至大气层

木星的内部结构

红光也许是由磷产生的

短暂的反气旋风暴

闪电的光亮

云顶温度约为 −140℃

核心温度在 30000℃ 左右

岩石核心直径约为 28000 千米

木星这么大，却为何没有成为一颗恒星？

尽管木星确实像恒星一样富集氢、氦，但是它的质量同恒星相比还太小，不足以像太阳等恒星那样在核心引发核聚变反应。

太阳系的"食腐者"

　　1994 年 7 月 17 日，**苏梅克－列维 9 号彗星**与木星相撞。这是人类**第一次**在太阳系中直接观测到行星的撞击事件。事实上，木星遭受了不止一次撞击。木星以其大块头和强大引力，扮演着太阳系的"食腐者"角色，吸掉可能撞击地球等行星的"天外来客"。如果没有木星"保镖"的保护，地球遭受撞击的概率将大大增加。

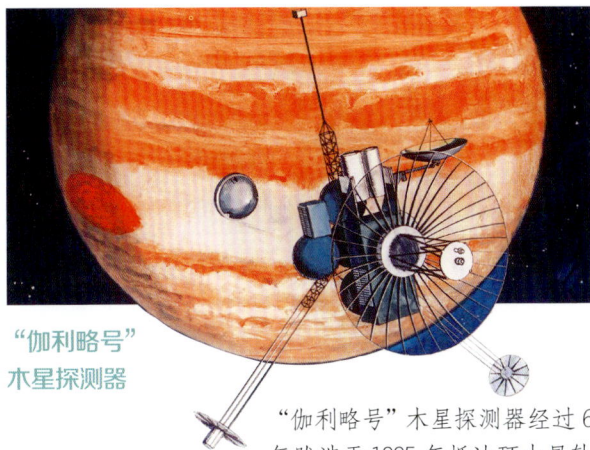

"伽利略号"木星探测器

"伽利略号"木星探测器经过 6 年跋涉于 1995 年抵达环木星轨道。它将携带的子探测器送入木星大气层，对木星进行了为期 7 年的探测，这是首次对木星大气进行原位测量，为人类了解木星起到了不可估量的作用。

自带光环的土星

土星是仅次于市星的太阳系第二大行星，并以其美丽的光环而闻名。土星和市星同属巨行星，和市星一样，土星也是一颗气体行星。橘色的表面上飘浮着明暗相间的彩云，加上赤道面上发出柔和光辉的星环，土星被人们认为是太阳系里最美丽的行星。

土星自转速度很快，产生的离心力使其赤道突出，看起来像一个被压扁的球。

你看土星像不像个草帽？

有点儿像，我们看到的"帽檐"其实是土星环，宽度有8万千米呢，6个地球在上面赛跑都没问题。

有"冰"的土星环

土星环中有不计其数的小颗粒，大小从微米到米都有，环中的颗粒主要成分是**水和冰**，还有一些尘埃和其他的化学物质。如果一位宇航员在土星环的内部飞行，会看到许许多多大小不等的冰冻碎片，景象非常神奇。

组成光环的冰粒可以反射太阳光，看起来十分美丽。

我的太空课堂

土星自转一周只需要 10 小时 39 分钟。

土星密度很小，只有水的 70%。如果有足够大的海洋，土星甚至可以浮在海面上。

土星可不是唯一有光环的行星，如木星、天王星、海王星也有稀薄的、地球上很难看到的光环。

土星体积约为地球的 744 倍，质量约为地球的 95 倍。

探险奇妙宇宙

土星也是太阳系中卫星数量众多的行星。其中有从地球上观测到的，有航天器在太空中发现的，因此它还可能有更多的卫星。这些卫星各有特色，如土卫六是唯一表面覆盖着浓厚大气圈的卫星，土卫十的运行方向和其他同伴都相反，土卫八前半部为黑色，后半部为白色，是一颗双色行星。

| 1980 年 | 1984 年 | 1988 年 | 1991 年 | 1995 年 | 1999 年 | 2003 年 | 2007 年 |

变更的光环

土星绕太阳运行一周大概需要 30 年，在此期间，地球上看到的土星环会呈现不同的形状。**伽利略**是最早发现土星环的人，但他当时并不知道这是土星的环，以为是土星耳朵状的附着物，"耳朵"形状的变换还让他以为土星在吞食自己的孩子。这很容易使人联想到希腊神话中吞食自己孩子的天神克洛诺斯，他在罗马神话中的名字是萨图恩（Saturnus），于是土星（Saturn）的名字也就由此而来。

浓厚的大气层

土星的大气层几乎全是**由氢和氦**组成的，另外还有少量其他物质，这些物质形成了各种颜色的云。它的大气温度比木星的大气温度要低，同时云层也厚得多，因而在表面呈柔和的带状。

土星气旋

土星探测

"先驱者11号" 于 1973 年 4 月被发射，在经历了 24 亿千米的漫漫航程后，于 1979 年 9 月到达土星。探测器在那里拍摄了第一张近距离照片，并绘制了土星磁场的图像。1997 年 10 月，"卡西尼号"肩负着监测土星空间的任务，顺利升空。

土星的内部结构

液态氢组成的外幔

液态金属氢组成的内幔

岩石和水冰组成的核心

赤道处风速高达 1800 千米 / 时

云顶温度约为 −180℃

反气旋风暴

主要由氢和氦组成的大气层

一路"躺赢"的天王星

天王星在 1781 年被发现时让天文学家们大为震惊，因为在此之前，人们一直认为土星就是太阳系最远的行星。天王星的发现把太阳系的范围扩大了一倍。同时，它的运行方式也很特别，即它的本身、星环和卫星都是"躺着"进行旋转的，就像是一个巨大的保龄球，侧身躺在轨道上绕着太阳旋转。

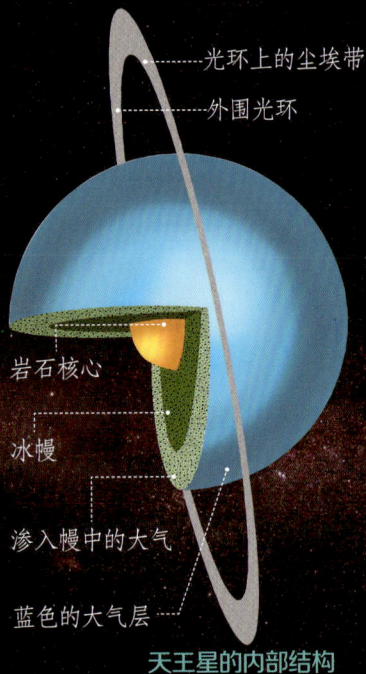

光环上的尘埃带
外围光环

岩石核心

冰幔

渗入幔中的大气

蓝色的大气层

天王星的内部结构

蓝色星球

天王星也是一颗有着浓密大气层的**气体行星**。它的大气层中 83% 是氢，15% 为氦，2% 为甲烷以及少量的乙炔和碳氢化合物。上层大气层的甲烷吸收太阳光中的红光、反射蓝色光和绿色光，使天王星呈现蓝绿色。

倾斜的行星

天王星最突出的特点是**侧向自转**，它的自转轴倾斜角为 **98°**，因此赤道面与轨道面几乎垂直。这种极端倾斜的角度同时也影响了它的光环和卫星，也意味着它的一个极点总会朝向太阳。人们猜测，天王星的侧向运行姿势，很可能是因为很久之前与另一天体碰撞的结果。

冷行星

天王星是太阳系中唯一缺乏内部热能的行星，而且由于距离太阳太远，它接收到的阳光要比地球少将近 370 倍。按照现行的天王星结构模型推算，它的表面温度低于 −200℃，是一颗异常寒冷的行星。

天王星的表面有一个由液态甲烷组成的冰冷的海洋，使得天王星看上去异常美丽。

天王星距离太阳有多远？

这么说吧，太阳的光需要近 3 个小时才能到达天王星。

我的太空课堂

天王星质量约为地球的 15 倍，是太阳系第三大行星。

天王星与太阳平均距离约 28.71 亿千米，是土星与太阳距离的 2 倍。

天王星赤道几乎与公转轨道垂直，所以其两极地区轮流朝向太阳，各持续 21 年。

天王星目前被探测到的卫星有 27 颗，主卫星有 5 颗。

奇怪的磁场

天王星的磁场强度比地球产生的磁场大 50 倍。它的磁场也是倾斜的，但却与自转轴的倾斜角度不同，与自转轴有 **60° 的夹角**。这意味着天王星虽然运行姿势奇特，但磁层的形状却是基本正常的。

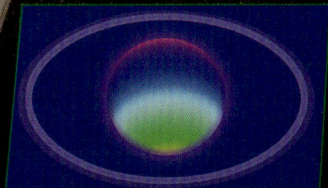

天王星和它的光环模拟图

天王星的光环

天王星的环共有 11 道，它们与天王星的赤道 **平行**，但是这些环非常暗。科学家们研究认为，光环内含有某些太阳系中能观察到的最黑的物质，于是猜测，这些环很可能是在天王星强大的引力作用下产生的卫星碎片所形成。

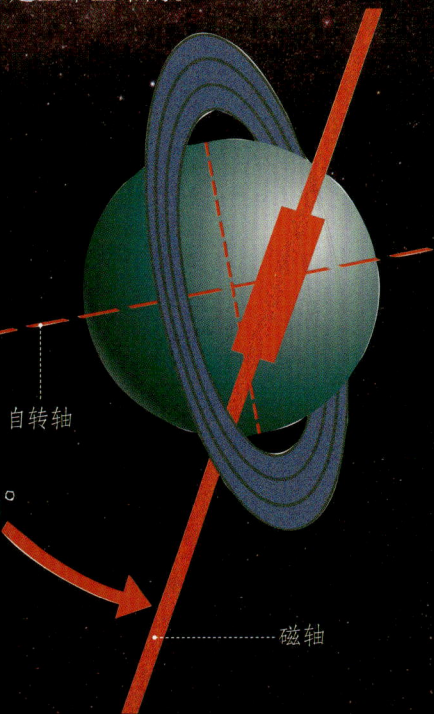

自转轴

60°

磁轴

天王星的磁场

遥远的"冰巨人"——海王星

海王星是典型的气体行星，大气中有许多强烈紊乱的气旋和风暴在翻滚。它与天王星极为相似，只是颜色要更蓝一些，因为距离遥远，而且寒冷而黑暗，所以我们在地球上很难观测到。海王星的发现意义很大，正是受到了它的启发，人们才在更外围的地方寻找到了冥王星。

海王星的光环

海王星已知有 5 个光环，但非常淡薄模糊，都是由**"旅行者 2 号"**探测器发现的。由于距离遥远，迄今为止，人们仍无法确定海王星光环的物质构成。科学家们推测，它的环很可能是由冰块和岩石组成的。

海王星的构造

海王星是一颗典型的气体行星，主要由氢、氦、甲烷和氨构成，中间有一个小小的**岩石核**，核外是由不同状态的冰构成的幔。它发出蓝色光的原理和天王星一样，都是由于甲烷反射了太阳光，但海王星看上去比天王星要更蓝一些。

我的太空课堂

海王星直径约为地球的 **4 倍**，质量约为地球的 17 倍。
海王星到太阳的距离，约是地球到太阳距离的 **30 倍**。
海王星环绕太阳运行一圈需要约 **164 个地球年**。
海王星大气构成中，氢约占 **85%**，氦约占 **13%**，甲烷约占 **2%**。

水冰、甲烷和氨组成的冰幔

氢、氦和甲烷组成大气

勒威耶光环

伽勒光环

亚当斯光环

平坦区

甲烷卷云，位于主云层上方 40 千米处

碳氢化合物组成的烟雾

由硅酸盐组成的坚硬的核心直径为 14 万千米

海王星的内部结构

云顶温度约为 −220℃

主云层下方是由硫化氢组成的暗色云

"旅行者 2 号"探测器

海王星身上的大黑斑是怎么回事?

海王星大气十分活跃,这个大黑斑就是巨大的反气旋风暴,最大的黑斑像我们地球一样大。

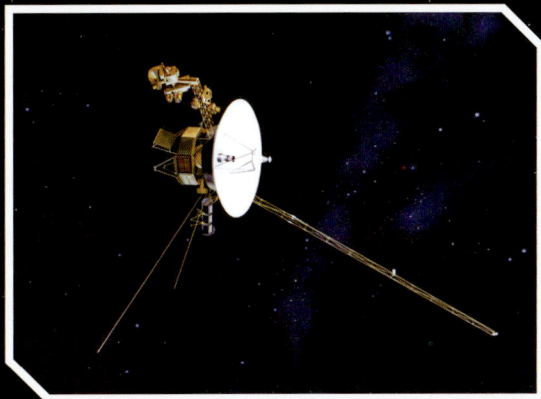

大黑斑附近的风速达到 2000 千米/时,比地球上的飓风还要快 10 多倍,是太阳系最快的风。

白色的云带

海王星的颜色比天王星深,但它表面飘浮着的"白云"使它的颜色不像天王星那样是纯蓝色的。数据显示,海王星释放的热量是它从太阳获得的 2.6 倍,这证明它的内部有热源,很可能这些云带就是由于它内部的高温造成的。

遥远的探索者

　　1977 年 8 月 20 日发射的"旅行者 2 号"是唯一对天王星和海王星进行过探测的探测器。"旅行者"计划是美国宇航局继"先驱者"计划之后的又一个重大太空计划,主要是进行对**大行星**的探测。"旅行者 2 号"就是这个计划的执行者之一,它为人类立下了巨大功劳,发现了海王星 8 颗卫星中的 **6 颗**,海卫一上的冰火山也是由它发现的。

冥王星

✦ 探险奇妙宇宙 ✦

　　冥王星距离太阳很远,与太阳的平均距离为地球与太阳之间平均距离的 39.5 倍,绕太阳公转一圈需要 248 个地球年,而且冥王星冰冷黯淡,即使是在夏季,其表面温度也只有 −223℃ 左右。冥王星被发现于 1930 年,它在远离太阳 59 亿千米的太空中运行,被命名为"大行星",成为九大行星之一。后根据 2006 年国际天文联合会的决议,将体积较小、重力较弱的冥王星划为矮行星,冥王星从行星中被除名。

哇，有流星

最壮观的天象非流星雨莫属，天上的星星像雨点一样从天际流过，想想就令人激动。还有人说，看到流星雨的时候，快速许愿就可以使愿望实现，真的太好玩儿啦！

流星雨星轨

流星体和流星一样吗？

流星体是环绕太阳运行的小行星或彗星碎块，流星是进入大气层并燃烧发光的流星体。

流星"唰唰唰"

外太空存在着大量尘埃微粒和微小固体块，有的来自小行星或行星表面，有的来自彗星，它们接近地球时因引力作用进入地球大气层，与大气层产生剧烈的碰撞和摩擦，在夜空中表现为一条光迹，这种现象叫**流星**。

当彗星与地球轨道有交点，地球运行至这些区域时，大量彗星碎片进入地球大气层，就会形成**流星雨**。天文学中一般用流星雨辐射点所在的星座或附近比较明亮的星名来命名这个流星群，例如双子座流星雨的辐射点就位于双子座中。

流星体穿过大气层

我的太空课堂

尘埃颗粒以大约 **5.4万千米/时** 的速度掠过大气层时，就会因摩擦而燃烧。

流星一般发生在距地面 90~100 千米的高空中。

每年进入大气层的流星体，总质量约有 20 万吨。

大部分流星体落地之前便被消耗殆尽，只有少部分掉到地上，我们称之为**陨石**。

中国是世界上最早发现和记载流星雨的国家。

七大流星雨的出现时间

多数流星雨发生在每年同一时间，一些最壮观的流星雨发生时间如下：

狮子座流星雨	一般在每年的 11 月 14 至 21 日左右出现
双子座流星雨	一般在每年的 12 月 13 至 14 日左右出现
英仙座流星雨	每年固定在 7 月 17 日至 8 月 24 日出现
猎户座流星雨	一般在每年的 10 月 15 日至 30 日出现
金牛座流星雨	一般在每年的 10 月 25 日至 11 月 25 日左右出现
天龙座流星雨	一般在每年的 10 月 6 日至 10 日左右出现
天琴座流星雨	一般在每年的 4 月 19 日至 23 日出现

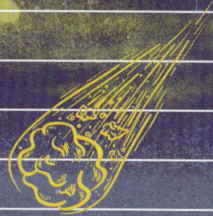

双子座流星雨

英仙座流星雨

火流星

流星雨的观测方法

观看流星雨，一是要**选对地方**。要选择视野开阔、大气纯净、人烟稀少、灯光暗淡的环境，在大城市不太适宜。二是用**眼睛观测**即可，无需望远镜。因为流星雨中流星出现的位置不确定，并且移动速度快，用望远镜会使视场减小，减少看到的流星数量。三是要掌握好特定的流星雨**最佳观测时间**。只有当流星雨的辐射点升出地平线以后才可以开始观测，例如狮子座流星雨的辐射点位于"狮子头部"附近，凌晨 2~3 时才升起到比较合适的位置，选择这个时间才能观测到最壮观的流星雨。

探险奇妙宇宙

数量特别庞大或表现不寻常的流星雨会被称为"流星突出"或"流星暴"，可能每小时出现的流星会超过 1000 颗以上。

火流星就是特别特别亮的流星，当小块岩石进入地球大气层时，剧烈的摩擦使它变得很亮，有时大一点儿的岩块在摩擦过程中还会产生强烈音爆。

带尾巴的**彗星**

彗星是一种绕日飞行的有"尾巴"的云雾状天体，通过望远镜，可以识别出不同形状的彗星，并探测到它们多变的"尾巴"。在冥王星轨道之外，存在原始太阳星云的残迹，其中含有千百亿块大冰块，每一个冰块就是一颗彗星。

科幻画家绘制的彗星撞击地球想象图

彗星来了

彗星是进入太阳系内亮度和形状会随日距变化而变化的**绕日运动**天体。彗星是从原始太阳星云旋转碎片中产生的，是形成太阳和大行星的稠密星际云的一部分。它们最初是气体分子、水、二氧化碳和其他物质，后来凝聚成硅尘微粒，逐渐又凝聚成较大的粒子。天文学家希望能获得彗星样品，它们可能会为太阳系的形成提供有力证据。

我的太空课堂

彗星的外貌非常独特，行踪不定，呈云雾状。

到 2019 年，太阳系中已发现 1600 多颗彗星，其中 **14 颗**由中国人发现。

著名的哈雷彗星绕太阳一周的时间为 **76 年**。

一般彗星的彗核直径约为 **20 千米**。彗尾一般长几千万千米，最长可达几亿千米。

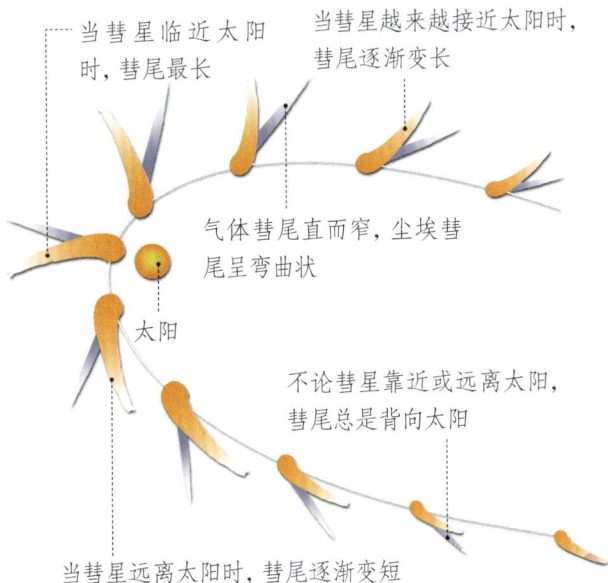
彗尾与彗星轨道

当彗星临近太阳时，彗尾最长

当彗星越来越接近太阳时，彗尾逐渐变长

气体彗尾直而窄，尘埃彗尾呈弯曲状

太阳

不论彗星靠近或远离太阳，彗尾总是背向太阳

当彗星远离太阳时，彗尾逐渐变短

长尾巴从何而来?

彗星主要由水、氨、甲烷、氮等物质组成，由彗核、彗发和彗尾构成。**彗核**是彗星上唯一的固体部分，是彗星的"心脏"，由凝结成冰的水、二氧化碳（干冰）、氨和尘埃微粒混杂组成。

气体彗尾
尘埃彗尾

当彗星靠近太阳被加热后，气体和尘埃从彗核表面喷射出来，形成一种发光云，这就是**彗发**。彗发环绕在彗核周围，离太阳越近，彗发越亮越大，有时直径可达地球直径的十多倍。而背向太阳光的一面则形成了一道稀薄物质流构成的"长尾巴"，这就是**彗尾**。

彗尾有两条，一条是笔直的气体彗尾，是被太阳风中的带电粒子吹离太阳的；一条是弯曲的尘埃彗尾，是由于太阳的光压作用而背离太阳的。

彗星的分类

彗星可分为沿椭圆形轨道运动的周期彗星，以及沿抛物线和双曲线轨道运动的非周期彗星。**周期彗星**循着轨道周期性地回到太阳附近来。周期彗星以 200 年为界，周期高于 200 年的属于长周期彗星，低于 200 年的则属于短周期彗星。著名的哈雷彗星就属于短周期彗星。**非周期彗星**是太阳系的"过客"，它们从遥远的太阳系深处来，在太阳这儿打个弯，又不知跑到哪里去了。

哈雷彗星花生状彗核

哈雷彗星

大多数靠近太阳的彗星人们只能看到它一次，随后就一去不复返了，但也有少数彗星会周期性地返回，其中最著名的就是哈雷彗星，它是以天文学家哈雷的名字命名的，每隔 76 年就会返回一次。它上一次回归时间是 1986 年，那时欧洲航天局**"乔托号"**探测器成功接近哈雷彗星，拍下了"花生形状"般的彗核，人类也正是借这个机会获得了关于彗星的详细资料。

人类登陆彗星的模拟图

⭐ 探险奇妙宇宙 🪐

为什么要探测彗星呢？一是因为不少彗星年龄比地球大，而彗星是冰冻物质，保存着太阳系诞生时的珍贵信息，因此可以据此研究地球和整个太阳系的起源；二是科学研究发现，过去彗星和其他小行星曾频繁撞击地球，为地球带来水、冰和有机物，研究彗星对于揭示地球和宇宙生命的起源具有重要意义。

彗星为什么又叫扫把星？

因为彗星运动的时候后面好像有个尾巴，形状像扫把，故得名。有人说扫把星不吉利，这是毫无科学根据的。

动物太空奇旅

在漫长惊奇的宇宙探索中，人类奋进的脚步从未停止。当我们冲破大气层、走向外太空，呼应星辰大海的召唤时，别忘了有一群可爱的动物朋友曾跟我们一起并肩前行，开启了波澜壮阔的太空旅程。

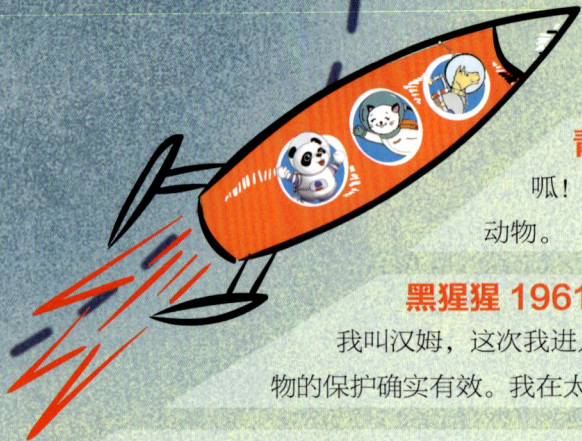

变形虫 1966 年
我是第一只进入太空的原生动物。

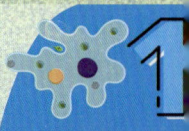

猫 1963 年 10 月
我是唯一一只抵达太空，并返回地球的猫咪。

人类 1961 年 4 月
我是苏联宇航员尤里·加加林，是第一位进入太空，并绕地飞行的人。

青蛙 1961 年 3 月
呱！呱！我是第一只进入太空的两栖动物。

黑猩猩 1961 年 1 月
我叫汉姆，这次我进入太空证明了宇航服对我们小动物的保护确实有效。我在太空可以进行各种生活操作。

兔子 1959 年 7 月
我叫玛弗莎，在这次太空旅行中陪伴我的还有两只小狗。

狗 1957 年 11 月
我叫莱卡，是一只来自苏联的雌性流浪狗，也是第一只进入地球轨道的动物。我身形小巧，不需要抬腿撒尿，性格冷静，这也是我被选中的根本原因。

小老鼠 1950 年 10 月
我是被安置在艾伯特系列的飞行器中送上太空的。

猴子 1949 年 6 月
我叫艾伯特二，我"飞"到了 134 千米的高空，不过返回地球的时候就没有那么幸运了，降落伞出了故障，我为此付出了生命代价。

果蝇 1947 年 2 月
人们把离地 100 千米以上的区域都叫太空，因此可以说我是第一只进入太空的动物，以检测太空辐射对我们的影响。

11  乌龟 1968 年
我是第一只进入太空的爬行动物。

12  线虫 1972 年 4 月
我搭载"阿波罗 16 号"进入太空。跟我一起同去的还有适应能力很强的卤虫，我们被用来研究宇宙辐射对动物的影响。

13  蜘蛛 1973 年 7 月
选我做"太空蜘蛛侠"，是为了研究我在太空中还能否结网生存。

14  底鳉 1973 年 7 月
我是第一种进入太空的鱼类。

15 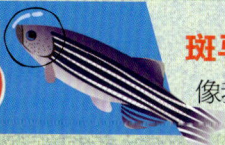 斑马鱼 1977 年 6 月
像我这样的鱼类是否能在微重力条件下正常生存呢?

16 鹌鹑胚胎 1979 年 1 月
我们是被用来研究零重力环境下对胚胎发育和整个生命周期的影响的。

17  蝾螈 1985 年 7 月
受伤的我被送到太空，目的是为研究太空环境对身体损伤的影响。

18  水母 1991 年 6 月
我们是被用来研究在太空的繁殖行为的。

19  蜗牛 2007 年 9 月
我是被用来研究失重环境对感官系统产生的影响。

20  果蝇卵 2019 年 1 月
我们是乘坐"嫦娥四号"飞向太空的。

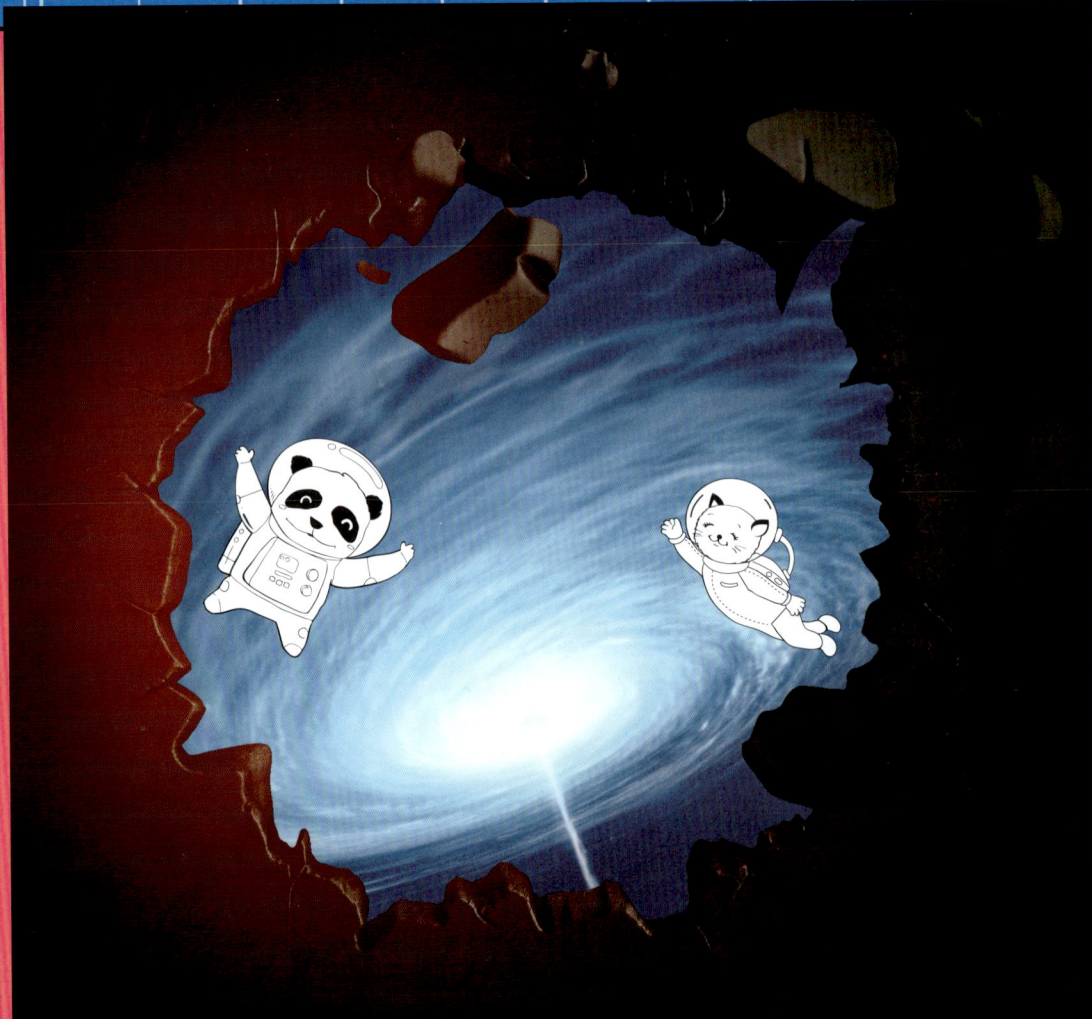

项目统筹：杨　静　　美术编辑：张大伟　刘晓东　　图片提供：视觉中国

文图编辑：杨　静　　封面设计：罗　雷　　　　　　　　　　站酷海洛

文稿撰写：王贞勤　　版式设计：张大伟　何　琳　　　　　　全景视觉